Newton《ニュートン》

理《り》系《けい》脳《のう》を育《そだ》てる 科《か》学《がく》クイズドリル

天《てん》才《さい》! 算《さん》数《すう》クエスト

もくじ

1

ステージ 1 > P6~

図形《ずけい》の村《むら》

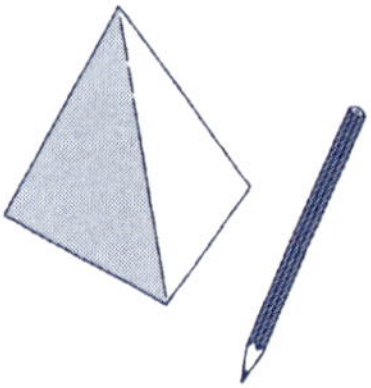

2

ステージ 2 > P40~

数《かず》と計算《けいさん》の塔《とう》

みなさんへ

ようこそ、「算数《SANSU》ワールド」へ！

この本《ほん》を手《て》にとってくれて、ありがとう。ワシは、この世《よ》に存在《そんざい》する、さまざまな「ワールド」をつくった神様《かみさま》じゃ。

実《じつ》は今《いま》、ワシのお気《き》に入《い》りのひとつ「算数《SANSU》ワールド」が大変《たいへん》なことになっているのじゃ。ワシがちょっとばかし昼《ひる》寝《ね》をしているすきに、モンスターたちが算数《SANSU》ワールドのあちこちに勝手《かって》にすみつき、人々《ひとびと》に悪《わる》さをするようになってのぉ…。

そこで、お主《ぬし》にお願《ねが》いがある。算数《SANSU》ワールドの平和《へいわ》な日常《にちじょう》を取《と》りもどすために、ワシに力《ちから》を貸《か》してほしい。…なぁに、むずかしいことはない。これからワシが、お主《ぬし》のきおくを“ちょいっ”と消《け》して、算数《SANSU》ワールドに

“ひょいっ”と転送《てんそう》するだけじゃ。大丈夫《だいじょうぶ》、平和《へいわ》がもどれば、お主《ぬし》も元《もと》にもどる。心配《しんぱい》するでない♪

準備《じゅんび》はよいか？　では、6ページに…

レッツゴー！

ステージ 1

図形《ずけい》の村《むら》

ここは、あなたが生《う》まれ育《そだ》った「図形《ずけい》の村《むら》」です。村《むら》の人《ひと》たちに話《はなし》を聞《き》いて、冒険《ぼうけん》の準備《じゅんび》をととのえましょう。

★クリアの条件《じょうけん》★

正解《せいかい》が12問《もん》以上《いじょう》…ステージクリア！
11～8問《もん》…もう一度《いちど》ちょうせんじゃ
7問《もん》以下《いか》…修行《しゅぎょう》が足《た》りん！

★★★★ 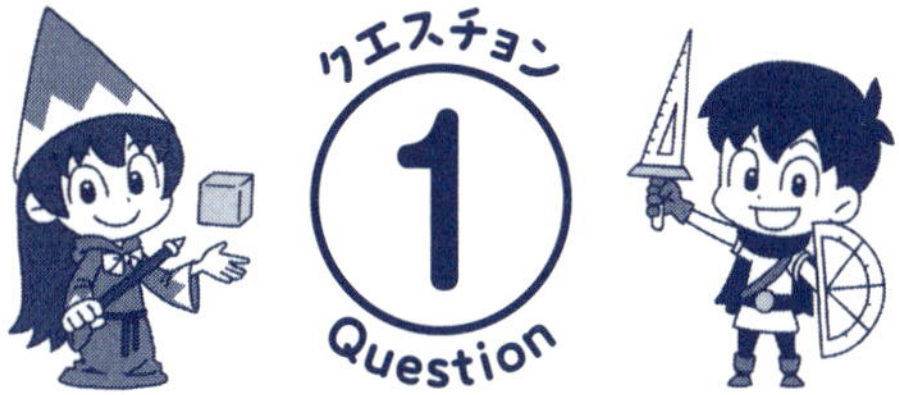 ★★★★

数式《すうしき》マッチ棒《ぼう》

村長《そんちょう》の家《いえ》には、マッチ棒《ぼう》でできた等式《とうしき》がかざられています。しかし、モンスターたちのいたずらのせいで、まちがった等式《とうしき》になっています。

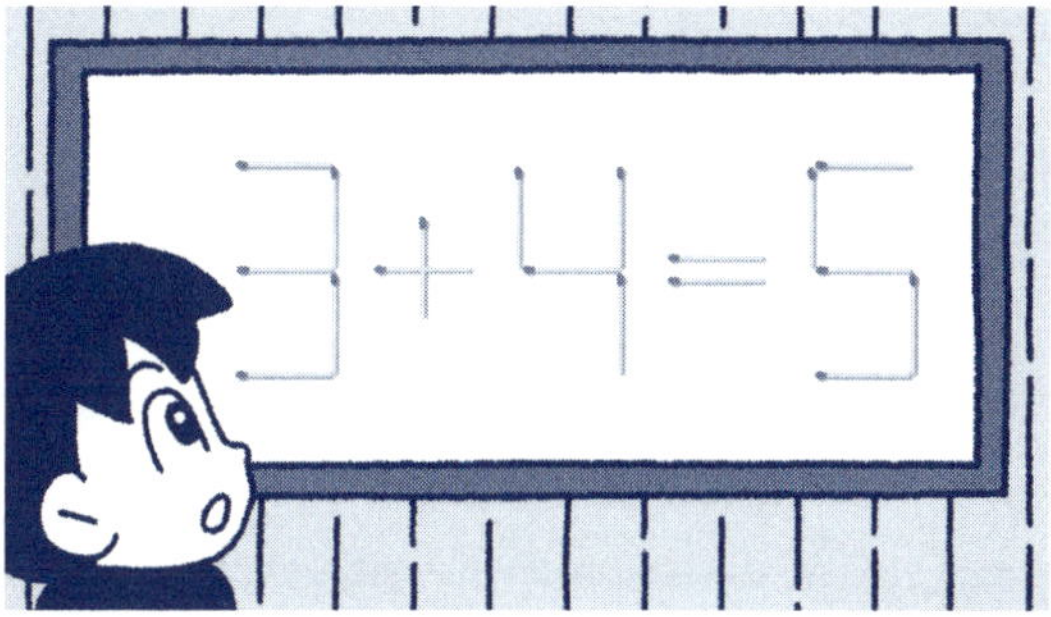

正《ただ》しい等式《とうしき》にもどすには、マッチ棒《ぼう》をどのように動《うご》かしたらよいでしょう？　ただし、動《うご》かせるのは1本《ぼん》だけです。

天《てん》の声《こえ》：まずは、頭《あたま》のじゅんび運動《うんどう》じゃ！

←答《こた》えは次《つぎ》のページ！

(下《した》の解説《かいせつ》を読《よ》むのじゃ)

「＋」の記号《きごう》の〝縦《たて》の線《せん》〟となっているマッチ棒《ぼう》を取《と》り、それを「3」の左上《ひだりうえ》に置《お》きます。こうして「3」を「9」に、「＋」を「−」にかえると、「9−4＝5」という正《ただ》しい式《しき》になります。

ちなみに、マッチ棒《ぼう》とは、先《さき》っぽに薬剤《やくざい》がついた木《き》の棒《ぼう》のことです。この薬剤《やくざい》（頭薬《とうやく》）と、マッチ箱《ばこ》にぬられた薬剤《やくざい》（側薬《そくやく》）とをこすり合《あ》わせると、火《ひ》をおこすことができます。マッチ棒《ぼう》は、日本《にっぽん》では1970～1980年代《ねんだい》ころまで、よく使《つか》われていました。

★★★★  ★★★★

三角形《さんかっけい》マッチ棒《ぼう》

村長《そんちょう》は、あなたを別《べつ》の部屋《へや》に連《つ》れていき、12本《ほん》のマッチ棒《ぼう》でできた直角三角形《ちょっかくさんかっけい》を見《み》せてくれました。

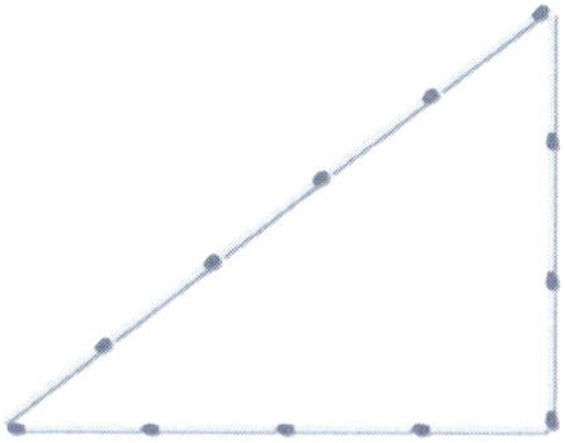

これも、元《もと》は「今《いま》の半分《はんぶん》の面積《めんせき》しかもたない多角形《たかっけい》」だったといいます。そのような図形《ずけい》にもどすには、マッチ棒《ぼう》をどのように動《うご》かしたらよいでしょう？　ただし、動《うご》かせるのは4本《ほん》だけです。

天《てん》の声《こえ》：今《いま》の面積《めんせき》を求《もと》めてから…

←答《こた》えは次《つぎ》のページ！

（下《した》の解説《かいせつ》を読《よ》むのじゃ）

まず、今《いま》の図形《ずけい》（12本《ほん》のマッチ棒《ぼう》でできた直角三角形《ちょっかくさんかっけい》）の面積《めんせき》を求《もと》めてみましょう。底辺《ていへん》4センチメートル※、高《たか》さ3センチメートルを、三角形《さんかっけい》の面積《めんせき》を求《もと》める公式《こうしき》「底辺《ていへん》×高《たか》さ÷2」にあてはめると「4×3÷2＝6」となり、6平方《へいほう》センチメートルと求《もと》められます。

ここから、元《もと》の図形《ずけい》（今《いま》の半分《はんぶん》の面積《めんせき》しかもたない多角形《たかっけい》）の面積《めんせき》は、3平方《へいほう》センチメートルだということがわかります。

つまり、今《いま》の図形《ずけい》から3平方《へいほう》センチメートル分《ぶん》を引《ひ》けばよいので、左《ひだり》のような図形《ずけい》が正解《せいかい》となります。

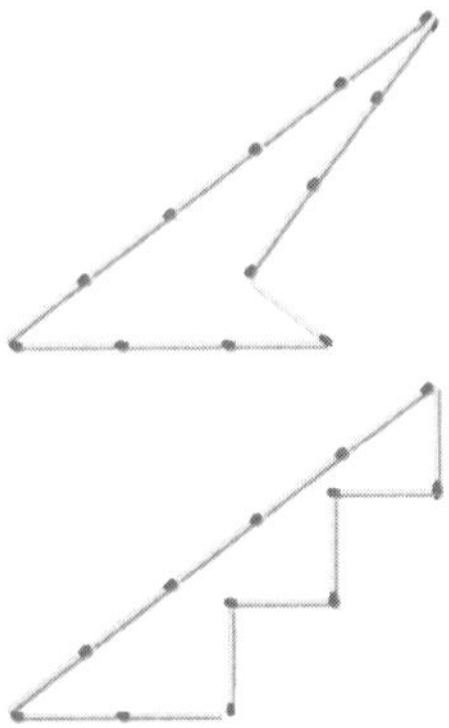

※マッチ棒《ぼう》1本《ぼん》の長《なが》さを「1センチメートル」とした場合《ばあい》。

★★★★ 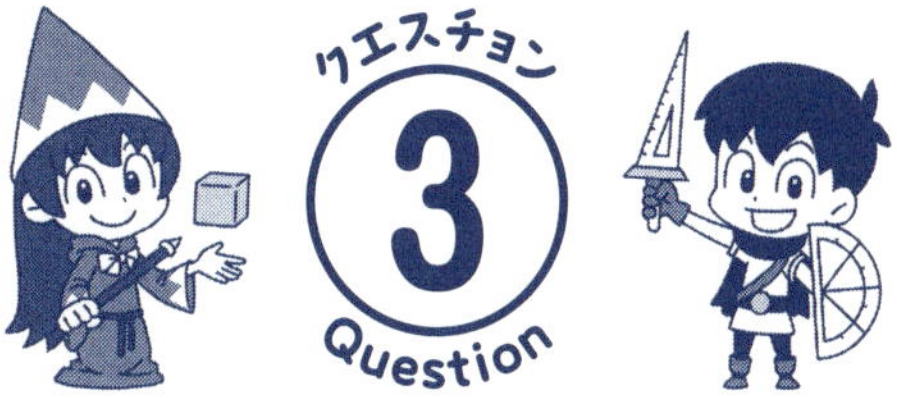 ★★★★

清少納言《せいしょうなごん》知恵《ちえ》の板《いた》

あなたが道具屋《どうぐや》に行《い》くと、①のような「7個《こ》のパーツ（多《た》角形《かっけい》）に分《わ》かれる正方形《せいほうけい》の板《いた》」が売《う》られていました。

①

❶

すると店主《てんしゅ》が、「①を❶のように並《なら》べかえることができたら、好《す》きなアイテムを君《きみ》にあげよう」と言《い》いました。どうすればよいでしょう？

天《てん》の声《こえ》：このページを拡大《かくだい》コピーして、切《き》り取《と》って、実際《じっさい》にやってみるのじゃ…！

←答《こた》えは次《つぎ》のページ！

（下《した》の解説《かいせつ》を読《よ》むのじゃ）

道具屋《どうぐや》で売《う》られていたのは、日本《にっぽん》で江戸時代《えどじだい》に流行《りゅうこう》した「清少納言知恵《せいしょうなごんちえ》の板《いた》」というパズルで、答《こた》えは❶のようになります。❷や❸のような形《かたち》もつくることができるので、興味《きょうみ》のある人《ひと》は、ぜひ調《しら》べてみてください。

ちなみに、清少納言《せいしょうなごん》とは『枕草《まくらのそう》子《し》』などで知《し》られる、平安時代《へいあんじだい》に活《かつ》やくした作家《さっか》（歌人《かじん》）です。このパズルは本人《ほんにん》が考《かんが》えたものではなく、清少納言《せいしょうなごん》の知的《ちてき》なイメージにあやかって、その名前《なまえ》がつけられただけのようです。

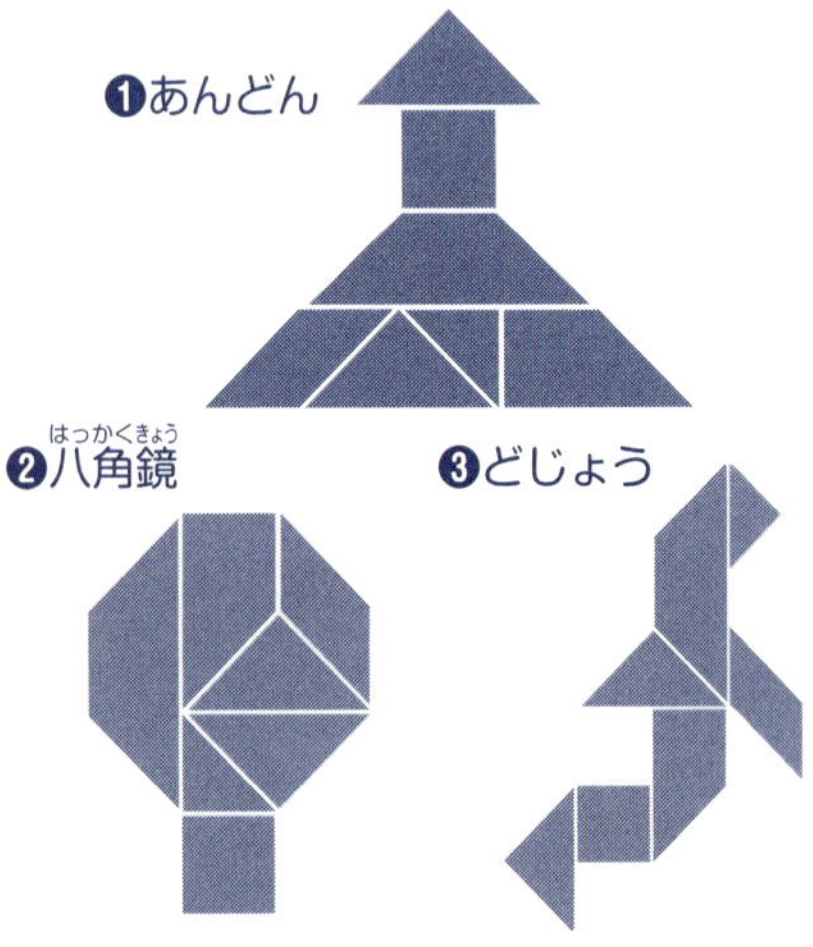

★★★★ 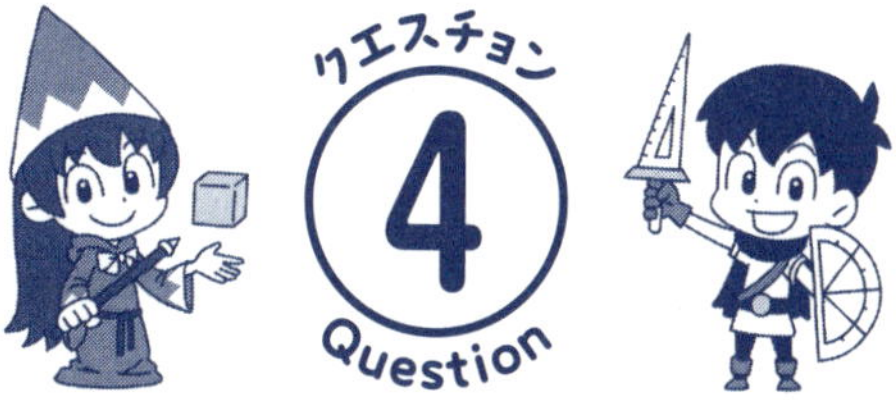 ★★★★

白《しろ》4黒《くろ》4

あなたが道具屋《どうぐや》を出《で》ようとすると、とびらに鍵《かぎ》がかかっていて出《で》られません。困《こま》っていると、ふたたび店主《てんしゅ》が「碁石《ごいし》が並《なら》んでいるだろう。それらを『白《しろ》4個《こ》と黒《くろ》4個《こ》がとなりあう（○○○○●●●●）』ように並《なら》べると、とびらが開《ひら》くんだ」と言《い》いました。

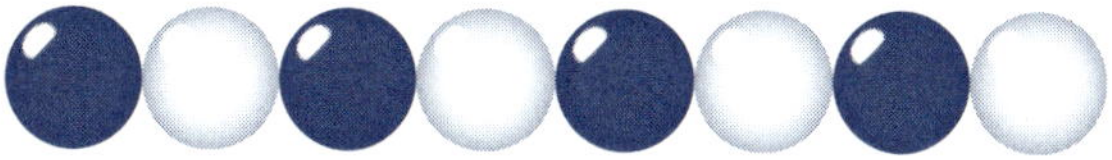

どのように、碁石《ごいし》を動《うご》かせばよいでしょう。なお、碁石《ごいし》はとなりあう2個《こ》を1組《くみ》として、平行《へいこう》移動《いどう》することしかできません。

天《てん》の声《こえ》：まずは、左《ひだり》から2個《こ》めと3個《こ》めを右《みぎ》はしに…

←答《こた》えは次《つぎ》のページ！

(下《した》の解説《かいせつ》を読《よ》むのじゃ)

下図《かず》のような順番《じゅんばん》で碁《ご》石《いし》を動《うご》かします。

なお、これとは別《べつ》の正《せい》解《かい》もあります。「左《ひだり》から2個《こ》めと3個《こ》めを右《みぎ》はしに移動《いどう》させる」ことから始《はじ》めるのではなく、「右《みぎ》から2個《こ》めと3個《こ》めを、左《ひだり》はしに移動《いどう》させる」ことから始《はじ》めるのです。つまり、すべての手順《てじゅん》を左《さ》右反対《ゆうはんたい》にしても、同《おな》じ結《けつ》果《か》になるということです。

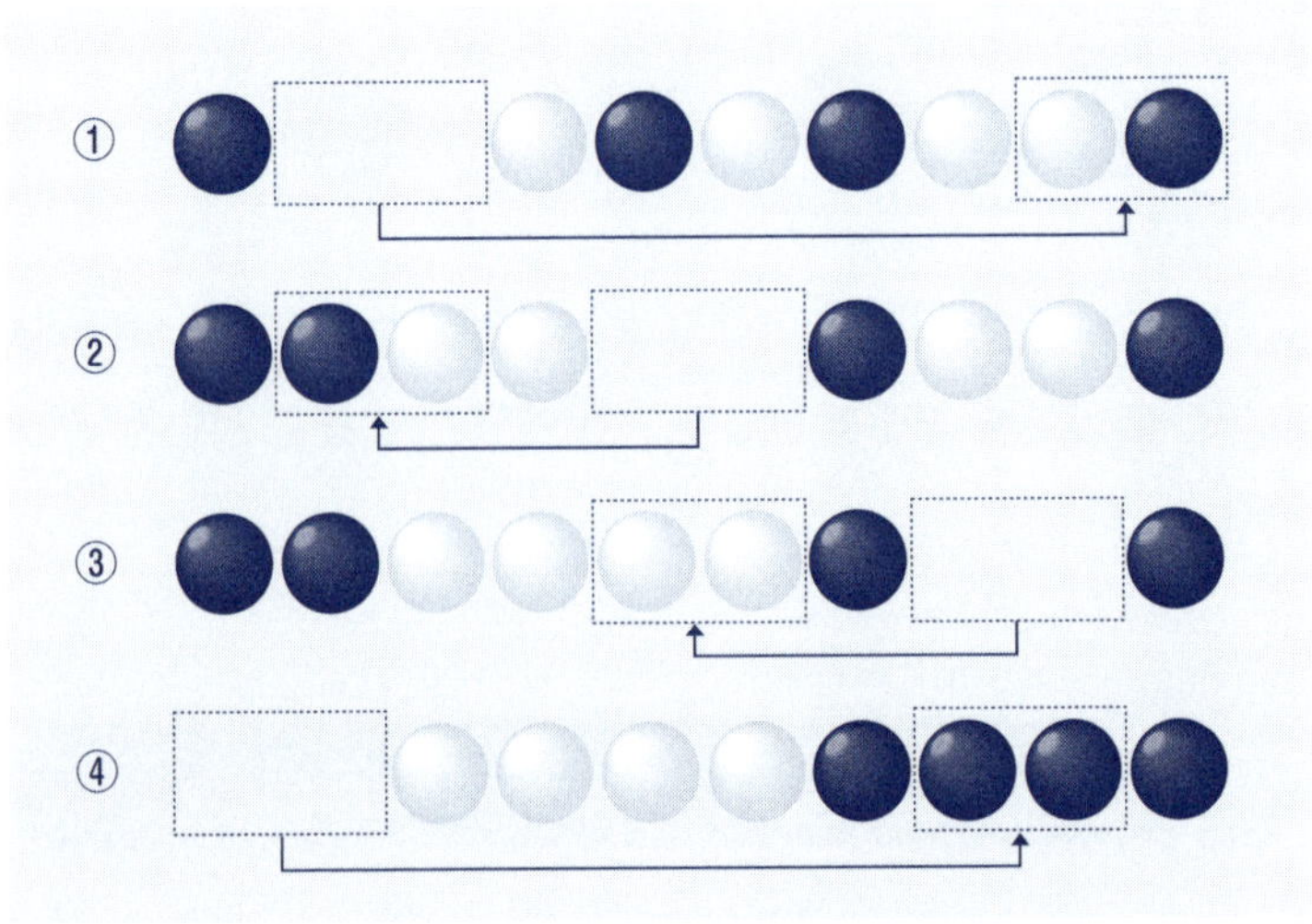

★★★★

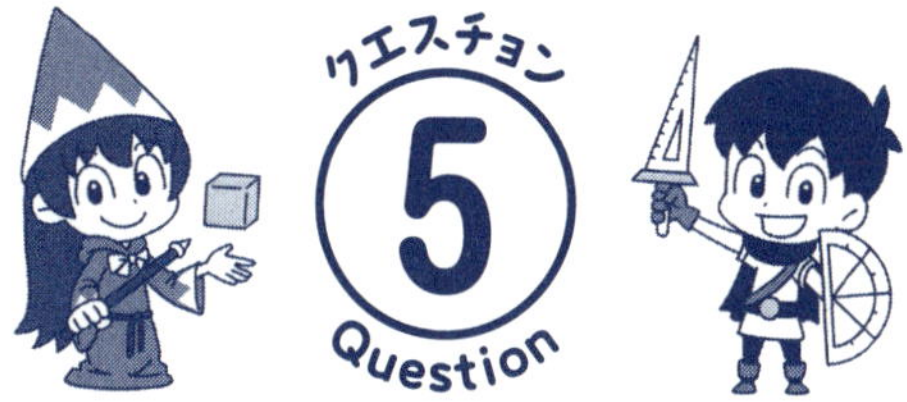

★★★★

碁石《ごいし》を拾《ひろ》え！

村《むら》の広場《ひろば》に、下図《かず》のように並《なら》んだ大《おお》きな碁石《ごいし》があります。その横《よこ》には、ルールを示《しめ》すかんばんが立《た》っています。

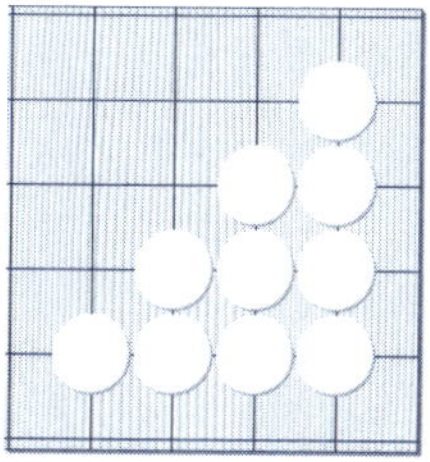

すべての碁石《ごいし》を拾《ひろ》うべし。ただし…

・碁石《ごいし》のあるところか、碁板《ごばん》の線《せん》の上《うえ》しか通《とお》ることができない。

・あともどりはできない。

・方向《ほうこう》をかえられるのは、碁石《ごいし》があるところだけ。

・スタート位置《いち》は自由《じゆう》。

どうすれば、すべての碁石《ごいし》を拾《ひろ》うことができるでしょう？右《みぎ》の例《れい》をもとに、考《かんが》えてみましょう。

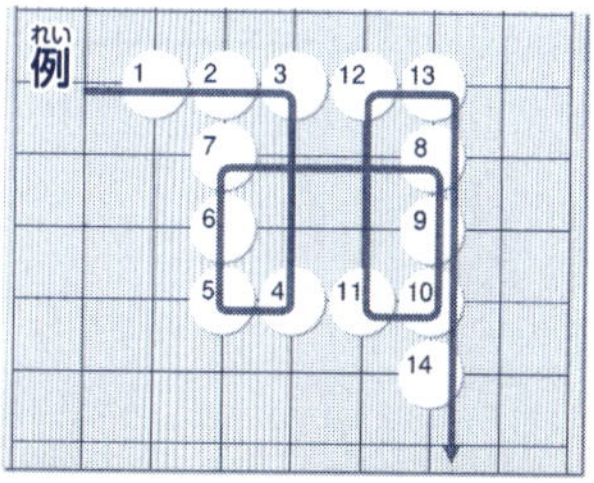

天《てん》の声《こえ》：上《うえ》か左下《ひだりした》から、はじめると…

←答《こた》えは次《つぎ》のページ！

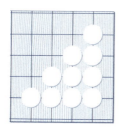

（下《した》の解説《かいせつ》を読《よ》むのじゃ）

これは、江戸《えど》時代《じだい》に広《ひろ》く親《した》しまれたパズルのひとつで、「碁石《ごいし》ひろい」とよばれます。

ルールに沿《そ》って下《した》に示《しめ》した順番《じゅんばん》でまわると、すべての碁石《ごいし》を拾《ひろ》うことができます。もしくは、左《ひだり》下《した》からスタートして（碁《ご》石《いし》についた番号《ばんごう》であらわすと）10↓6↓7↓4↓8↓2↓3↓4↓5↓9↓8↓2↓1と進《すす》む方法《ほうほう》でも可能《かのう》です。

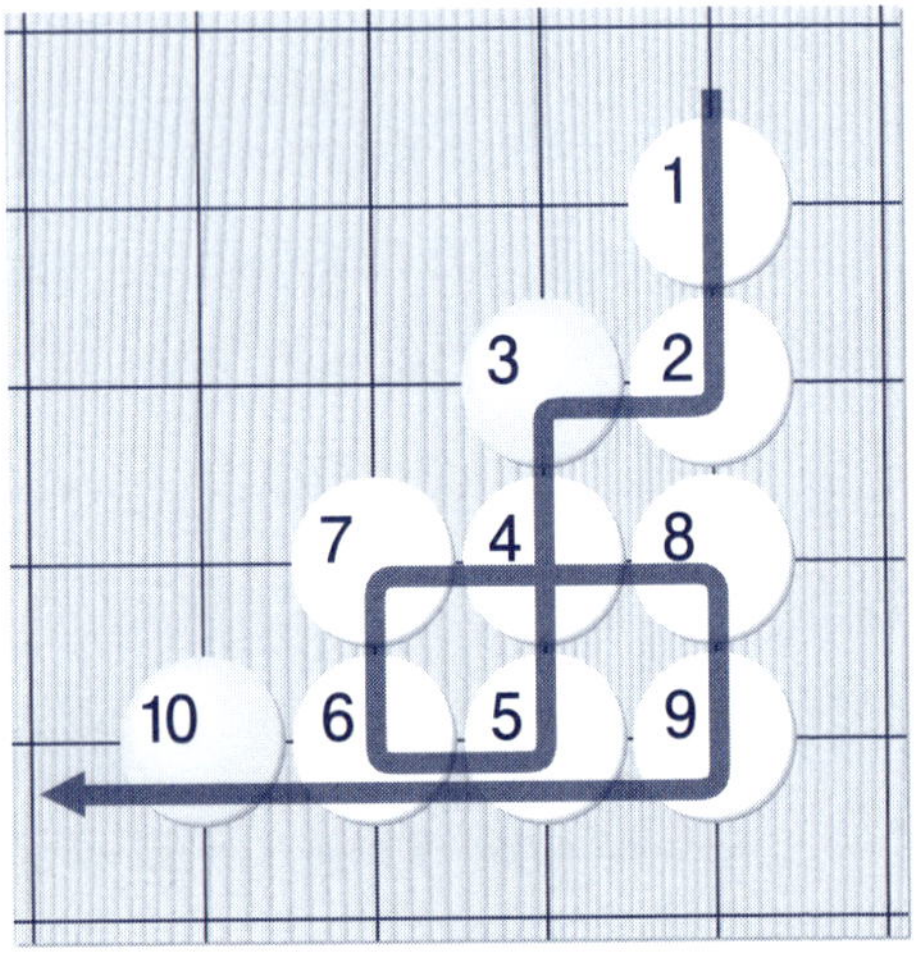

★★★★　★★★★

一筆《ひとふで》書《が》きドレカナ

広場《ひろば》のはしに進《すす》むと、草《くさ》かげからモンスターの子供《こども》がおそいかかってきました。①～④から「一筆《ひとふで》書《が》きができる図形《ずけい》」を3個《こ》見《み》つけることができれば、あなたはモンスターをたおすことができます。いったい、どれでしょう？

①

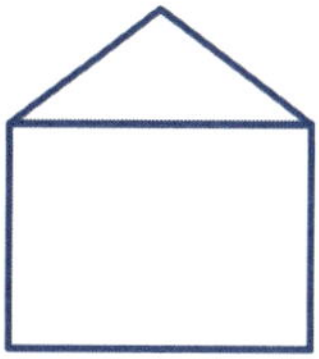

②

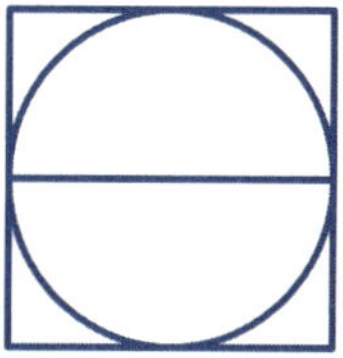

③

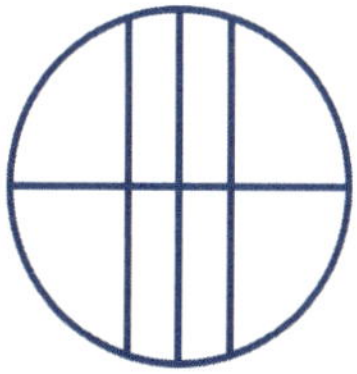

④

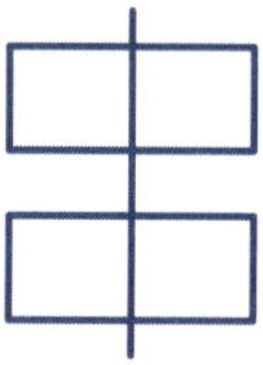

天《てん》の声《こえ》：一筆《ひとふで》書《が》きとは、ある点《てん》からえんぴつの先《さき》をはなさず、かつ同《おな》じ線《せん》を通《とお》らないように1本《ぼん》の線《せん》で図形《ずけい》をえがくことじゃ！

←答《こた》えは次《つぎ》のページ！

①②④

しらみつぶしに答《こた》えを探《さが》してもよいですが、一筆書《ひとふでが》きができる図形《ずけい》の特徴《とくちょう》を見《み》つけます。それは「合流《ごうりゅう》している線《せん》の数《かず》が、すべての点《てん》で偶数《ぐうすう》になっている」もしくは「合流《ごうりゅう》している線《せん》の数《かず》が奇数《きすう》になっていても、それがすべての点《てん》のうち2個《こ》である」ことです。

　これらの条件《じょうけん》にあてはまるのは、①②④です。興味《きょうみ》のある人《ひと》は、なぜこの方法《ほうほう》で見分《みわ》けられるのかも考《かんが》えてみましょう。

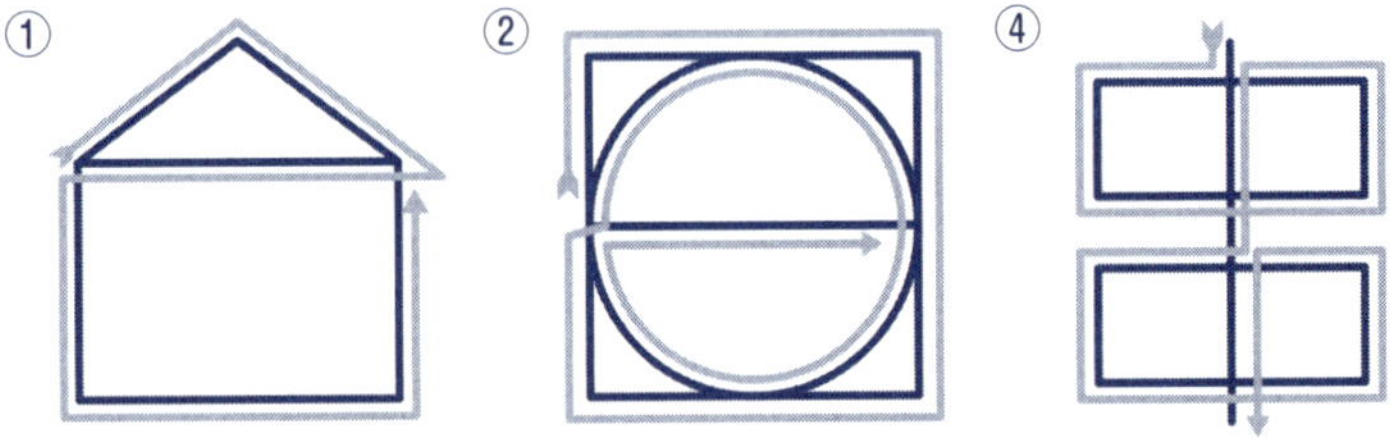

不可《ふか》

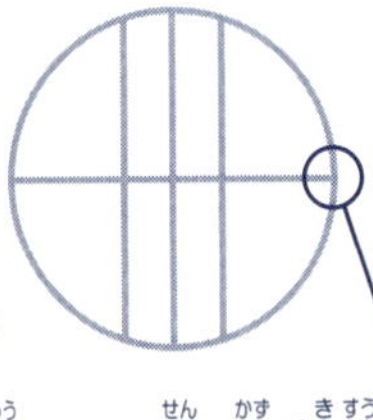

③

例《れい》：合流《ごうりゅう》している線《せん》の数《かず》が奇数《きすう》(3)

ケーニヒスベルクの橋《はし》

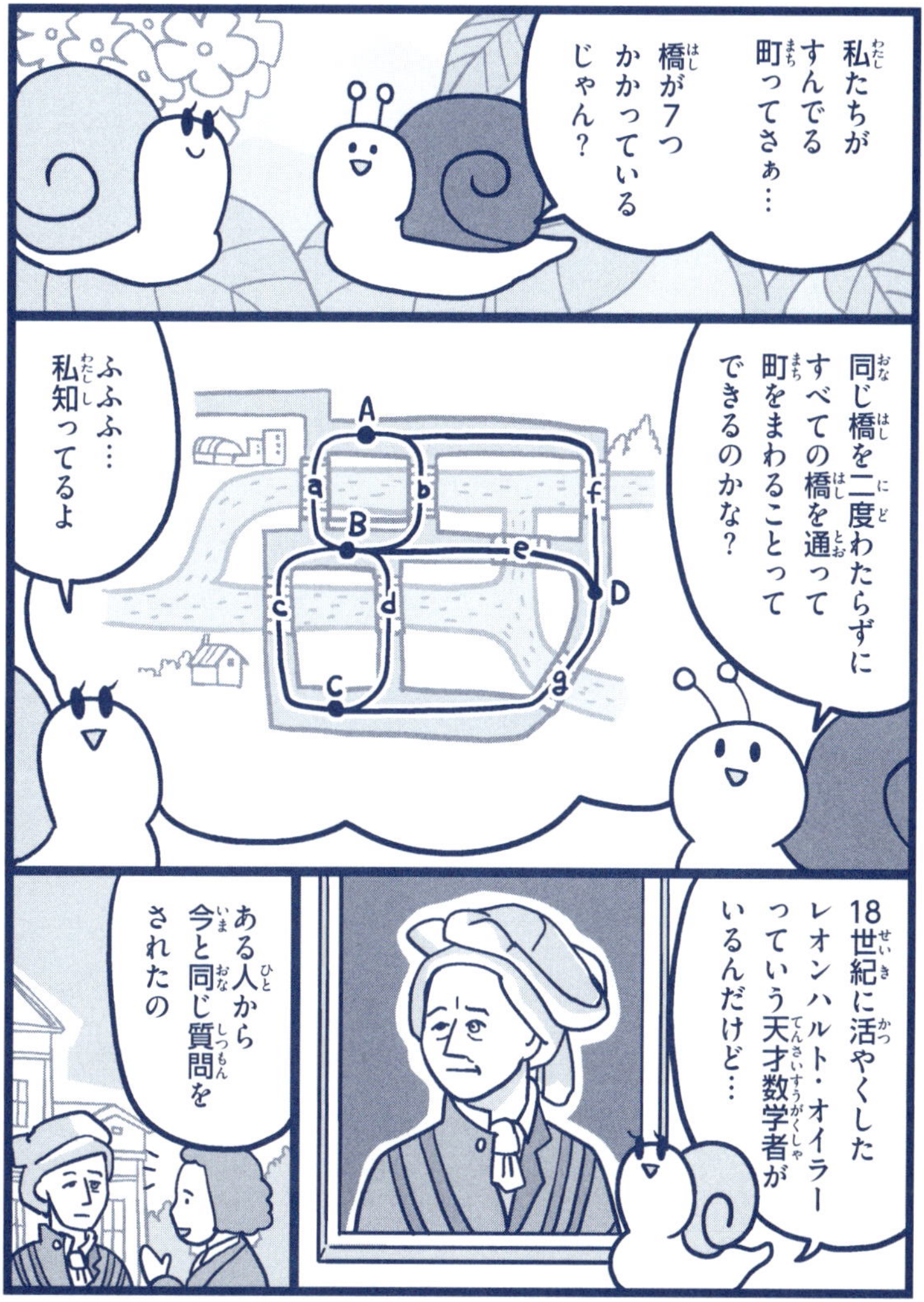

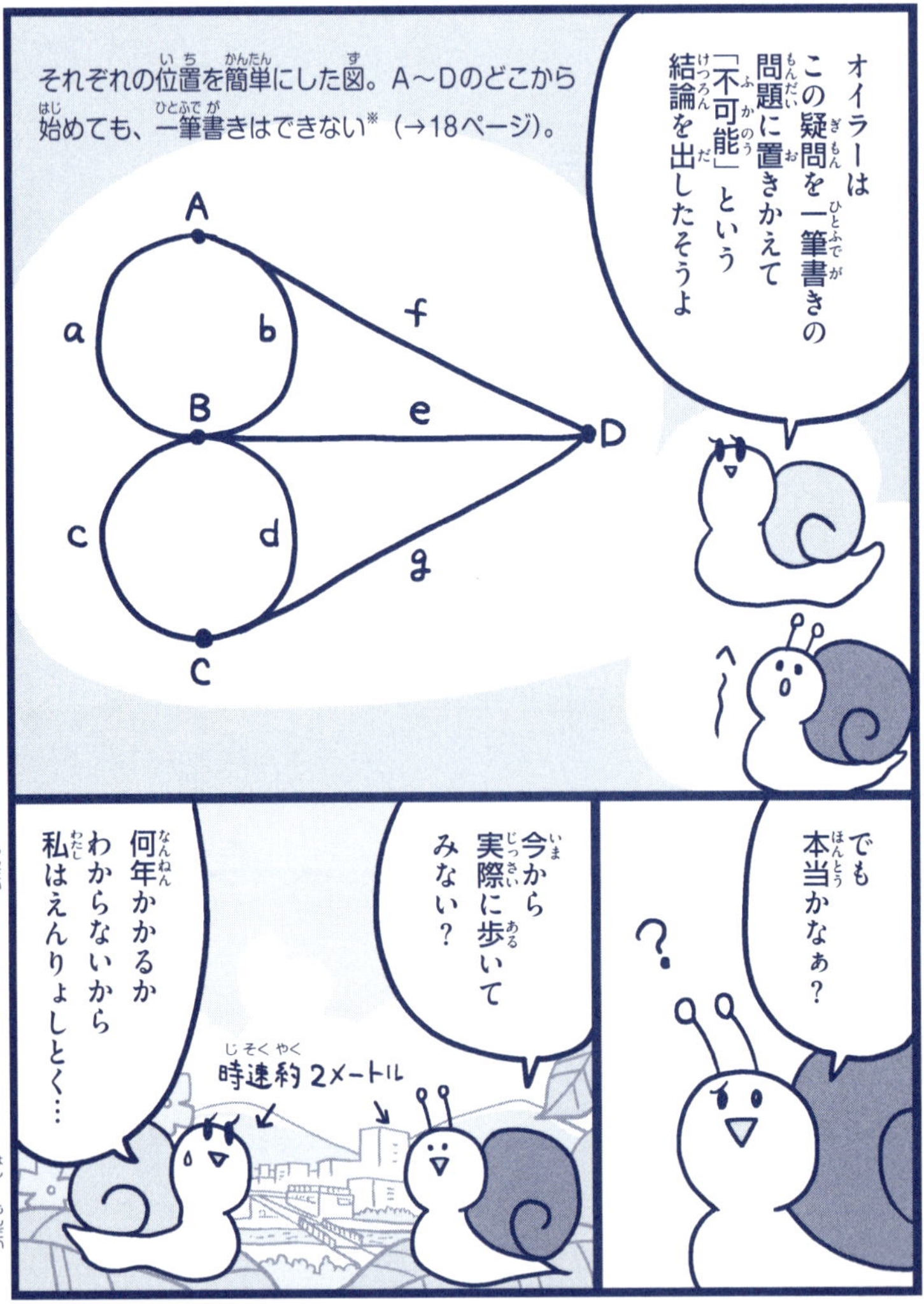

※一筆書《ひとふでが》きができる条件《じょうけん》（図形《ずけい》の特徴《とくちょう》）を発見《はっけん》したのはオイラー。なお、この問題《もんだい》は「ケーニヒスベルクの橋《はし》の問題《もんだい》」とよばれることがある。

水《みず》くみロード

あなたが祠《ほこら》の前《まえ》を通《とお》りかかると、老婆《ろうば》が話《はな》しかけてきました。老婆《ろうば》は、これから祠《ほこら》を出発《しゅっぱつ》し、川《かわ》で水《みず》をくんだあと、水《みず》をお墓《はか》に運《はこ》ぶのだといいます。祠《ほこら》→川《かわ》→お墓《はか》を最短《さいたん》きょりで行《い》くには、どんな道《みち》を通《とお》ればよいでしょう？

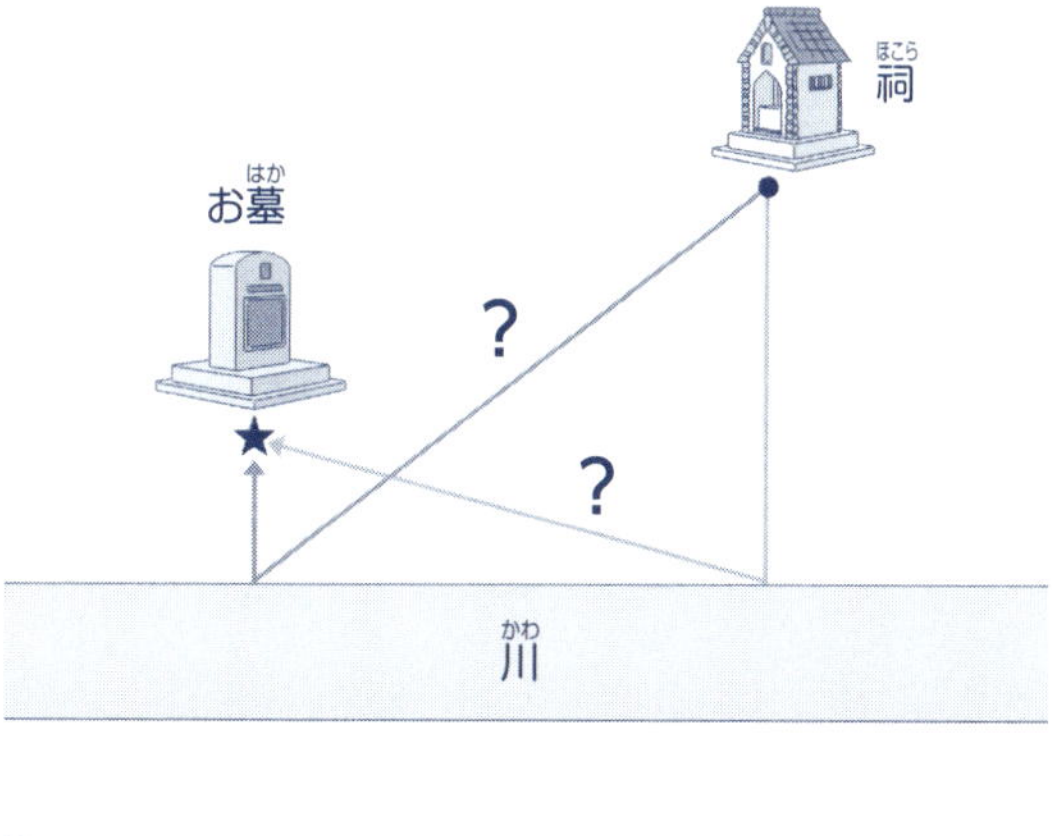

天《てん》の声《こえ》：三角形《さんかっけい》を使《つか》って考《かんが》えるのじゃ！

←答《こた》えは次《つぎ》のページ！

（下《した》の解説《かいせつ》を読《よ》むのじゃ）

祠《ほこら》（点《てん》A）から川《かわ》に対《たい》して垂直《すいちょく》な線分《せんぶん》ABを引《ひ》きます…①。線分《せんぶん》ABをのばして、線分《せんぶん》ABと同《おな》じ長《なが》さとなるように点《てん》Cをとります…②。そして、点《てん》Cとお墓《はか》（点《てん》D）を直線《ちょくせん》で結《むす》び、その線《せん》（線分《せんぶん》CD）と川岸《かわぎし》が交《まじ》わった部分《ぶぶん》を、点《てん》Eとします…③。

点《てん》Aからまっすぐ点《てん》Eに行《い》き、水《みず》をくんで、点《てん》Dにまっすぐ向《む》かえば、最短《さいたん》きょりとなります。

AE＋EDの最短《さいたん》きょりを探《さが》すのは大変《たいへん》なので、線分《せんぶん》AEと同《おな》じ長《なが》さの辺《へん》をもつ二等辺三角形《にとうへんさんかっけい》ACEをえがく、つまり点《てん》Cに祠《ほこら》があると仮定《かてい》して、最短《さいたん》きょりを考《かんが》える。

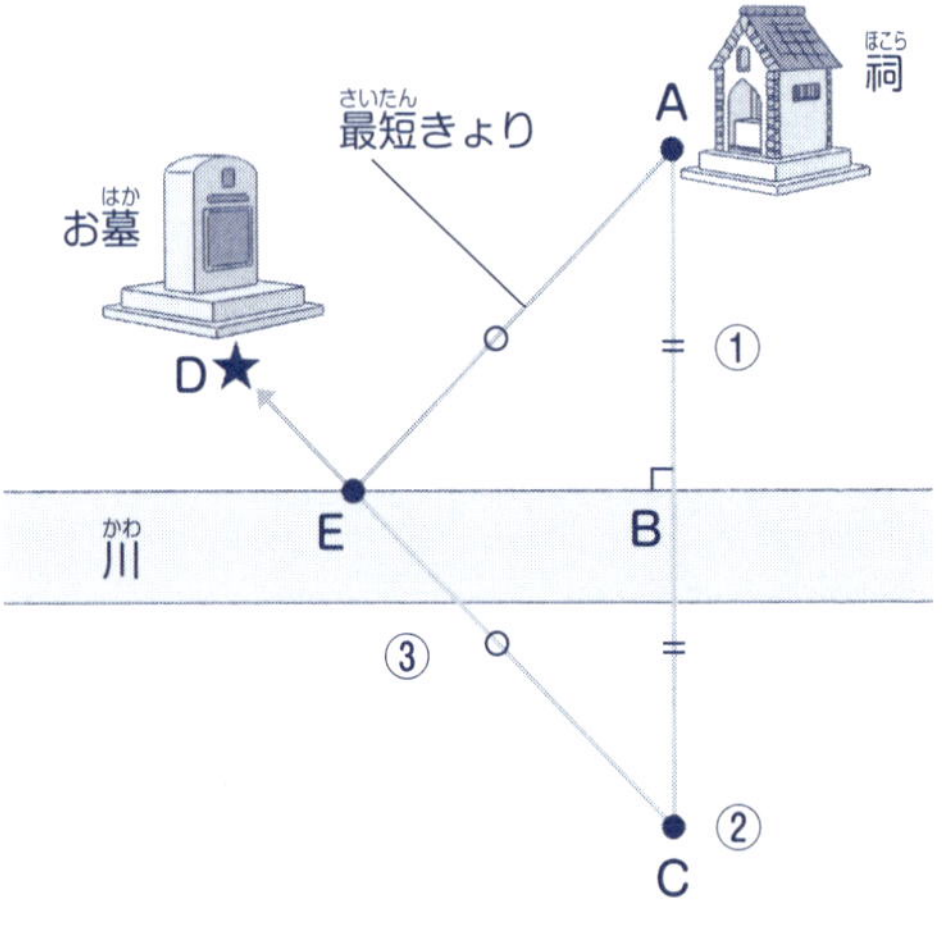

★★★★

★★★★

土地《とち》の境界線《きょうかいせん》

祠《ほこら》の裏《うら》で、2人《ふたり》の男《おとこ》が言《い》い争《あらそ》っています。なんでも、下《した》に示《しめ》した2点《てん》をふまえたうえで、土地《とち》の境界線《きょうかいせん》を直線《ちょくせん》に引《ひ》き直《なお》したいそうです。どんな線《せん》を引《ひ》けばよいでしょう？

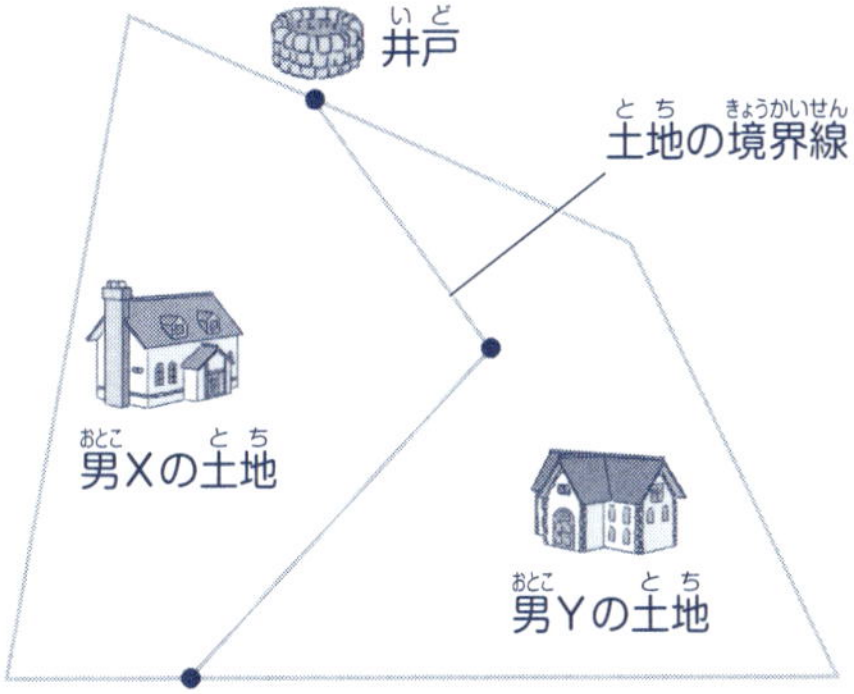

- それぞれの土地《とち》の面積《めんせき》は、今《いま》と同《おな》じにしたい。
- 井戸《いど》は、どちらの土地《とち》からも使《つか》えるようにしたい。

天《てん》の声《こえ》：これも、三角形《さんかっけい》を使《つか》って考《かんが》えるとよいぞ…

←答《こた》えは次《つぎ》のページ！

（下《した》の解説《かいせつ》を読《よ》むのじゃ）

まず、土地《とち》の境界線《きょうかいせん》の3点《てん》をA、B、Cとします。点《てん》Aと点《てん》Cを結《むす》んだあと…①、点《てん》Bを通《とお》る、線分《せんぶん》ACと平行《へいこう》な線《せん》（線《せん》分《ぶん》DE）を引《ひ》きます…②。このとき、点《てん》Aと点《てん》Eを結《むす》んだ線《せん》が、新《あたら》しい境界《きょうかい》線《せん》となります。

いったい、なぜでしょうか。点《てん》Bを平行《へいこう》に移動《いどう》させると点《てん》Eになるので、三角形《さんかっけい》ABCと三角《さんかっ》形《けい》AECは同《おな》じ面積《めんせき》です（高《たか》さがかわっていないため）。よって、三角形《さんかっけい》ABFと三角形《さんかっけい》CEFも同《おな》じ面積《めんせき》となります。

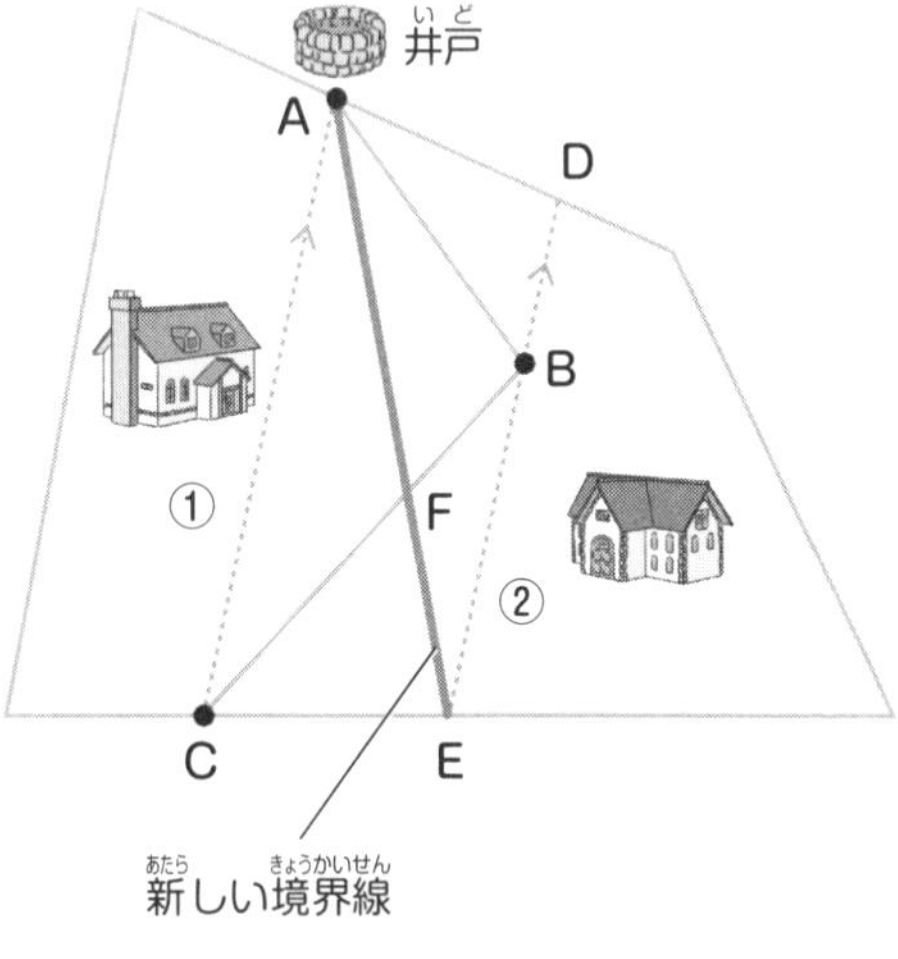

ケンカしないピザ

あなたは、土地《とち》を分《わ》けてあげた男《おとこ》たちから「お礼《れい》に食事《しょくじ》をごちそうしたい」と言《い》われ、男《おとこ》たちの知《し》り合《あ》いとともに、計《けい》4人《にん》でレストランへやってきました。男《おとこ》たちは、下《した》にえがいたサイズの3枚《まい》のピザを注文《ちゅうもん》しました。これらをみんなで等《ひと》しく分《わ》けるには、どうすればよいでしょう？

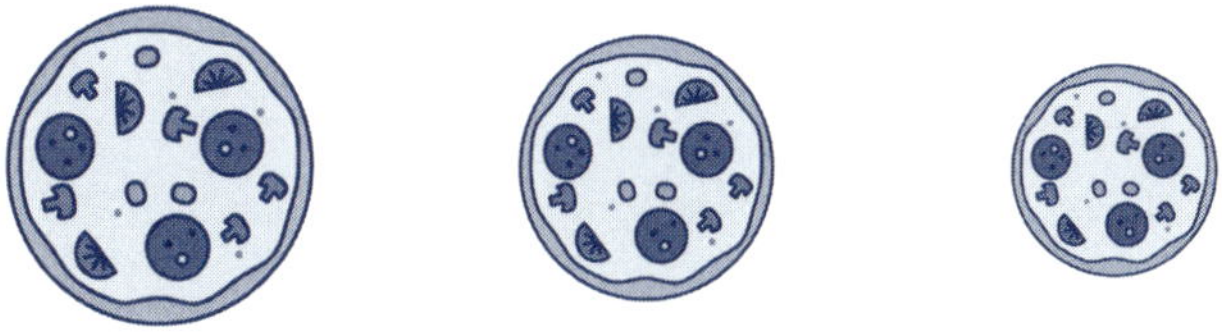

大《だい》(直径《ちょっけい》100センチメートル)　中《ちゅう》(直径《ちょっけい》80センチメートル)　小《しょう》(直径《ちょっけい》60センチメートル)

天《てん》の声《こえ》：最《もっと》も小《ちい》さいピザは、カットしなくても大丈夫《だいじょうぶ》じゃ！

←答《こた》えは次《つぎ》のページ！

（下《した》の解説《かいせつ》を読《よ》むのじゃ）

大中小《だいちゅうしょう》のピザを、それぞれ①②③とします。①の面積《めんせき》は3140平方《へいほう》センチメートル（100×100×3.14=3140）、②は約《やく》2010平方《へいほう》センチメートル（80×80×3.14=2000.96）、③は約《やく》1130平方《へいほう》センチメートル（60×60×3.14=1130.04）です。すなわち、②と③を足《た》した面積《めんせき》は①と同《おな》じなので、まず2人《ふたり》は、①を2等分《とうぶん》したものをもらえばよいということになります。

残《のこ》りの2人《ふたり》は、②と③を等《ひと》しく分《わ》けます。②と③を重《かさ》ね、③のふちに沿《そ》って②を切《き》ります。できた〝②の耳《みみ》〟を半分《はんぶん》にすれば、完成《かんせい》です。

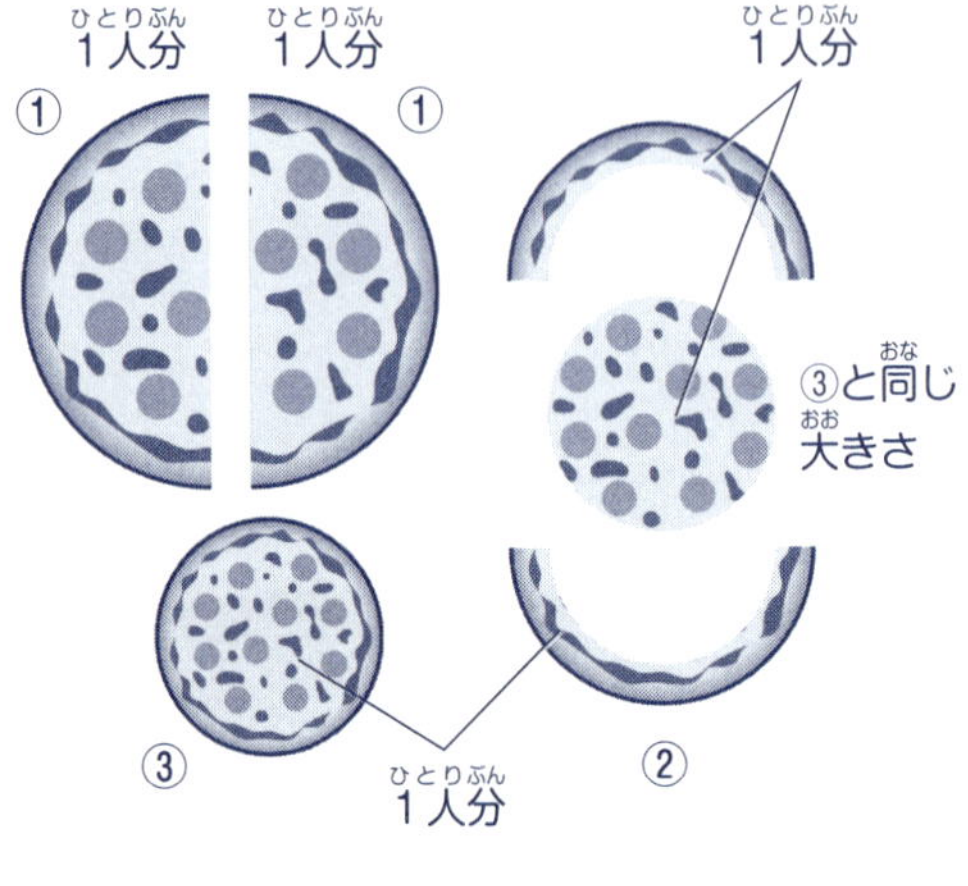

★★★★ クエスチョン 10 Question ★★★★

点《てん》を通《とお》る円《えん》を探《さが》しだせ！

あなたが飯屋《めしや》に行《い》くと、都《みやこ》から来《き》たという魔法使《まほうつか》いが「図《ず》形《けい》の魔法《まほう》」を見《み》せてくれました。下《した》のように並《なら》んだ9個《こ》の点《てん》のうち、4個《こ》の点《てん》を通《とお》る円《えん》を、例《れい》のようにうかび上《あ》がらせることができるといいます。全部《ぜんぶ》で何個《なんこ》の円《えん》が、うかび上《あ》がるでしょう？

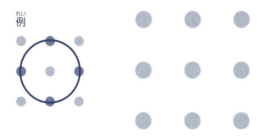

例《れい》

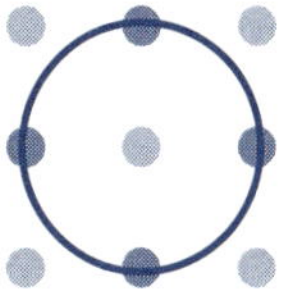

天《てん》の声《こえ》：実際《じっさい》に、えがいてみるのじゃ！

←答《こた》えは次《つぎ》のページ！

14個《こ》

下《した》に並《なら》べたのが、14個《こ》の円《えん》の内訳《うちわけ》です。Aは問題《もんだい》のページで例《れい》としてあげたもので、ほかにもB、C、D、Eのようなパターンがあります。

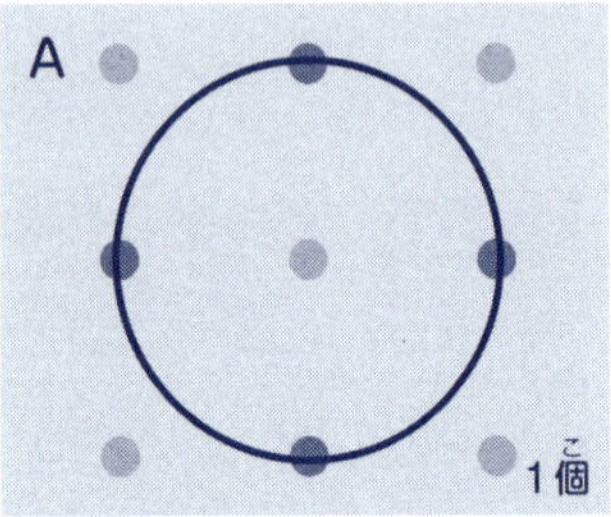

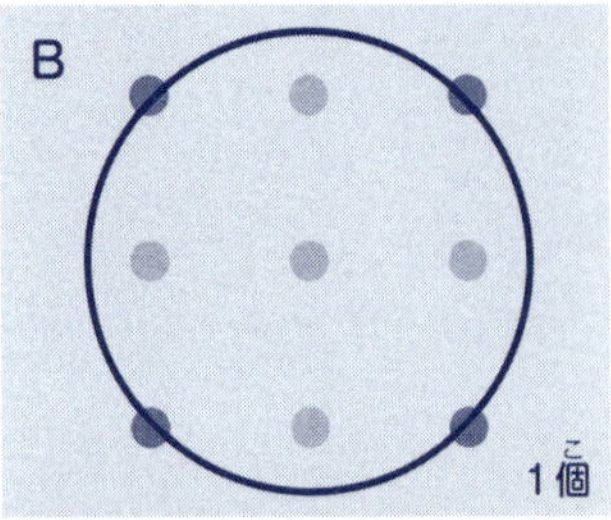

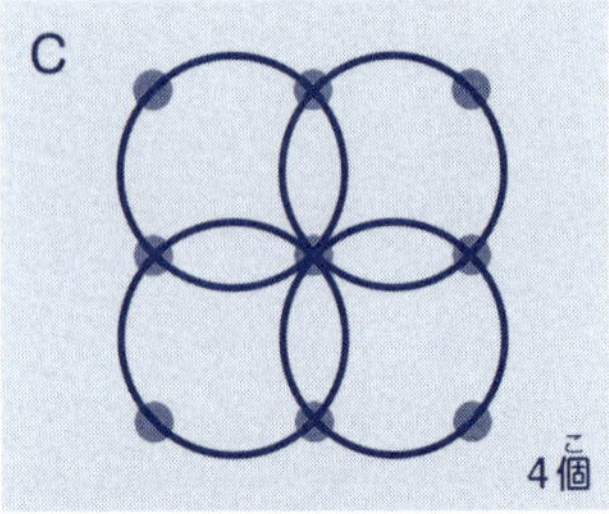

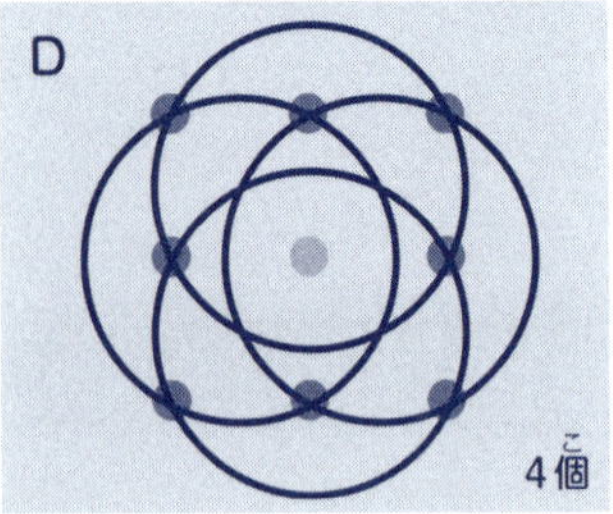

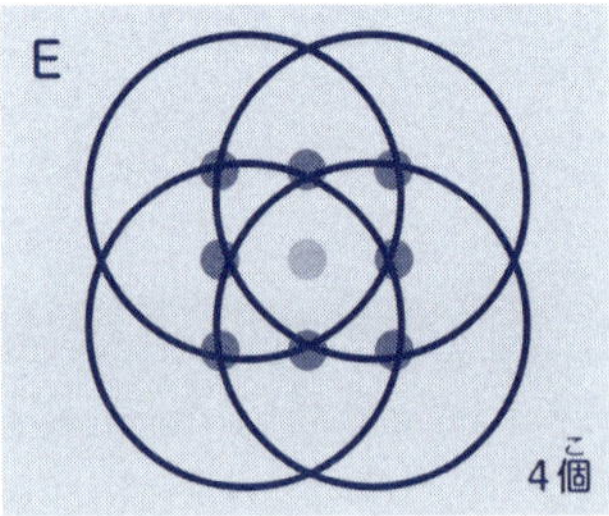

長方形《ちょうほうけい》をつくりたい

都《みやこ》から来《き》た魔法使《まほうつか》いは、次《つぎ》のように言《い》いました。

「ことなる大《おお》きさの正方形《せいほうけい》をいくつか組《く》み合《あ》わせると、例《れい》のように長方形《ちょうほうけい》をつくることができるの。もし、あなたが、正方形《せいほうけい》８個《こ》で『縦《たて》７×横《よこ》10の長方形《ちょうほうけい》』をつくることができたら、あなたの仲間《なかま》になるわ！」

例《れい》

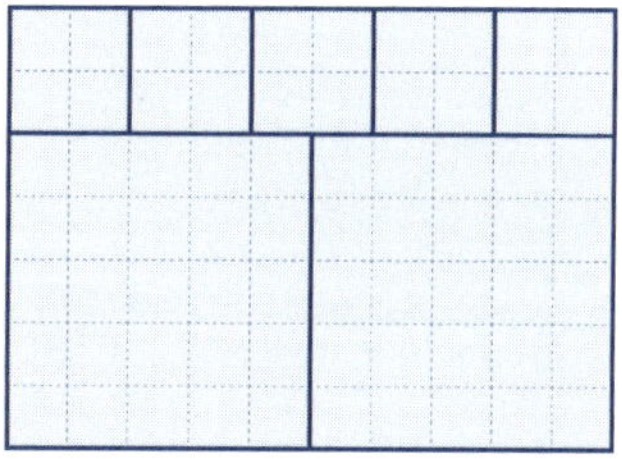

どんな大《おお》きさの正方形《せいほうけい》を、どのように組《く》み合《あ》わせればよいでしょう？

天《てん》の声《こえ》：大《おお》きい正方形《せいほうけい》を使《つか》う場合《ばあい》から、考《かんが》えてみるのじゃ！

←答《こた》えは次《つぎ》のページ！

(下《した》の解説《かいせつ》を読《よ》むのじゃ)

「縦《たて》7×横《よこ》10の長方形《ちょうほうけい》」をつくることができる正方形《せいほうけい》は①縦《たて》1×横《よこ》1、②縦《たて》2×横《よこ》2、③縦《たて》3×横《よこ》3、④縦《たて》4×横《よこ》4、⑤縦《たて》5×横《よこ》5、⑥縦《たて》6×横《よこ》6、⑦縦《たて》7×横《よこ》7に限《かぎ》られます。

　これらのうち、大《おお》きい正方形《せいほうけい》を使《つか》うケースから考《かんが》えていくのがコツです。すると、⑤⑥⑦を1個《こ》でも使《つか》うと、正方形《せいほうけい》が8個《こ》にならないことがわかるはずです。

　一方《いっぽう》で、③④を縦《たて》に1個《こ》ずつ並《なら》べると縦7に、③2個《こ》・④1個《こ》を横《よこ》に並《なら》べると横10になります。これに気《き》づくことができれば、問題《もんだい》を解《と》くことができるでしょう。

◆8個《こ》の正方形《せいほうけい》でできた
「縦《たて》7×横《よこ》10の長方形《ちょうほうけい》」

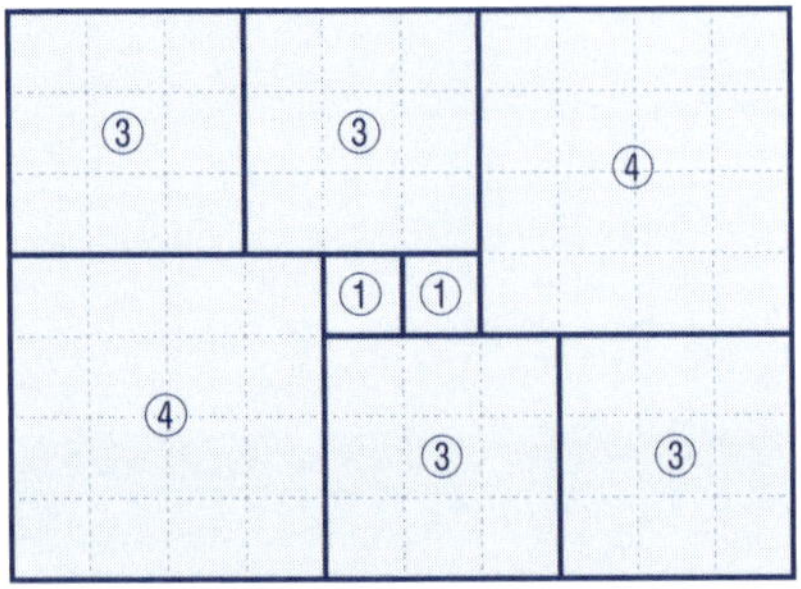

★★★★

★★★★

かくれたサイコロ

あなたが飯屋《めしや》から出《で》ると、武器商人《ぶきしょうにん》が話《はな》しかけてきました。

「もし、図《ず》の中《なか》にあるサイコロの展開図《てんかいず》をすべて見《み》つけることができたら、すごい武器《ぶき》を売《う》ってあげるよ」

サイコロの展開図《てんかいず》は、いくつあるでしょう？

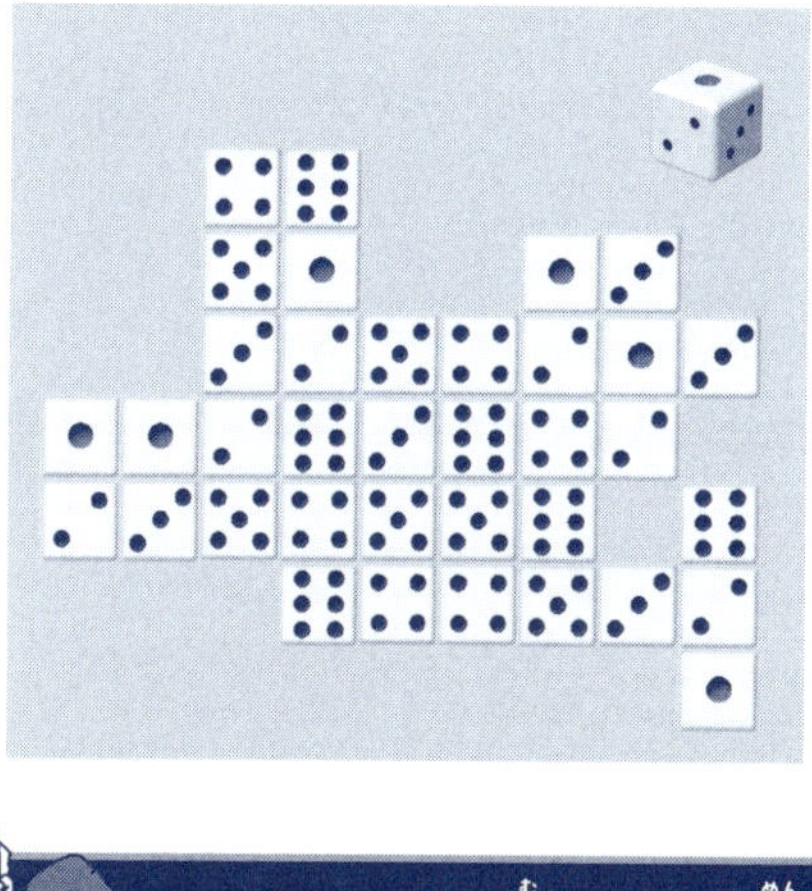

(←) サイコロは、このように１、２、３の面《めん》が見《み》えるように置《お》くと、１、２、３の目《め》が必《かなら》ず反時計《はんとけい》まわりに並《なら》ぶ。

天《てん》の声《こえ》：サイコロは向《む》かいあった面《めん》の目《め》を足《た》すと、必《かなら》ず7になるぞ！

←答《こた》えは次《つぎ》のページ！

3個《こ》

正《ただ》しいサイコロになる条件《じょうけん》は、前《ぜん》ページに登場《とうじょう》した2点《てん》「サイコロは1、2、3の面《めん》が見《み》えるように置《お》くと、1、2、3の目《め》が必《かなら》ず反時計《はんとけい》まわりに並《なら》ぶ」こと、そして「サイコロは向《む》かいあった面《めん》の目《め》を足《た》すと、必《かなら》ず7になる」ことです。

これらをもとに探《さが》すと、①の展開図《てんかいず》は、すぐに見《み》つかるでしょう。また、1の目《め》が近《ちか》くに2個《こ》並《なら》ぶサイコロは存在《そんざい》しないことをあわせて考《かんが》えると、②や③も見《み》つけられるはずです。

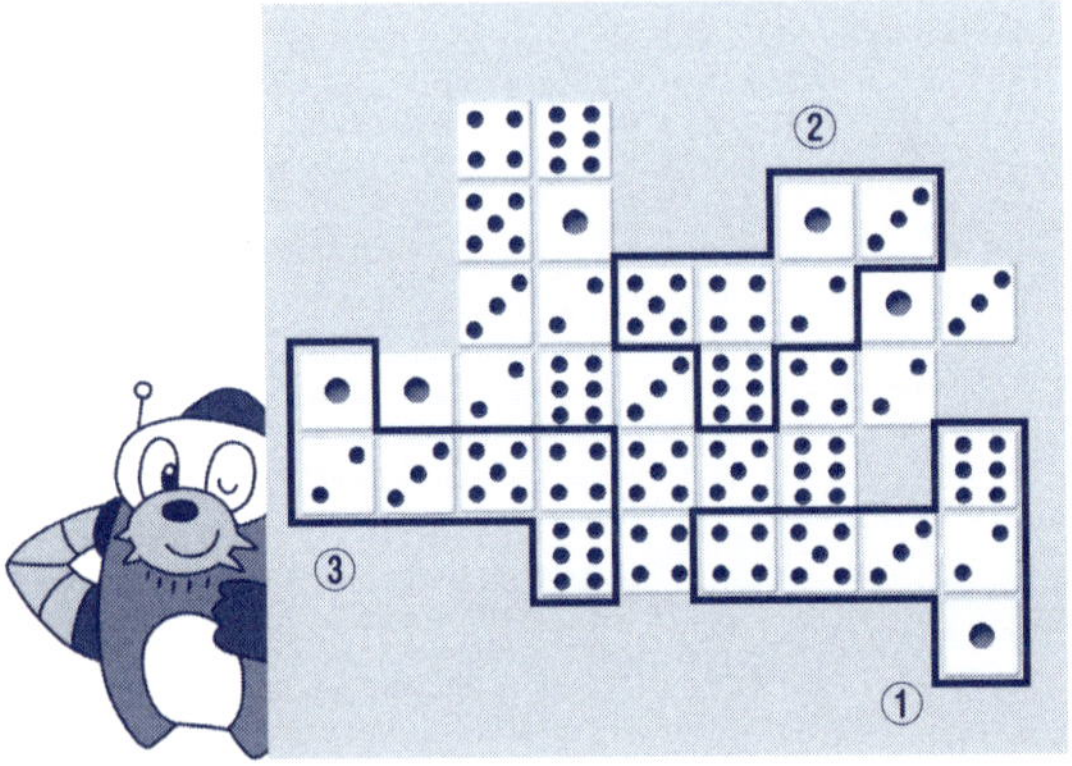

★★★★  クエスチョン 13 Question  ★★★★

頂点《ちょうてん》の数《かず》

武器商人《ぶきしょうにん》は、布《ぬの》にくるまれた古《ふる》いつえを取《と》りだして、語《かた》りはじめました。

「次《つぎ》の問題《もんだい》を解《と》けば、このつえの封印《ふういん》が解《と》かれる。そうすれば、つえに魔法力《まほうりょく》が宿《やど》るだろう…」

◆問題《もんだい》◆

頂点《ちょうてん》を切《き》り落《お》とすと、サッカーボールに近《ちか》い形《かたち》となる立《りっ》体《たい》（多面体《ためんたい》）は、①と②のどちらでしょう？

①

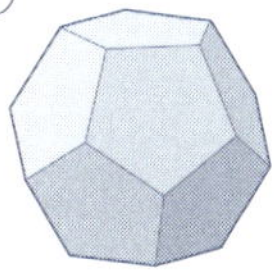

②

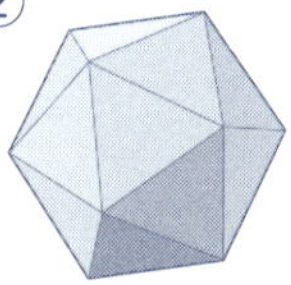

サッカーボール

天《てん》の声《こえ》：よ～く、観察《かんさつ》するのじゃ！

←答《こた》えは次《つぎ》のページ！

②

平面《へいめん》だけで囲《かこ》まれた立体《りったい》を「多《た》面体《めんたい》」といいます。②のような「正《せい》二《に》十面体《じゅうめんたい》」という多面体《ためんたい》の頂《ちょう》点《てん》を切《き》り落《お》とすと、正五角形《せいごかっけい》12個《こ》(面《めん》)と正六角形《せいろっかっけい》20個《こ》(面《めん》)からなる「切頂《せっちょう》二《に》十面体《じゅうめんたい》」という多面《ためん》体《たい》になります。サッカーボールは、この切頂《せっちょう》二《に》十面体《じゅうめんたい》に空気《くうき》を入《い》れて球形《きゅうけい》としたものです。

ちなみに、正《せい》二《に》十面体《じゅうめんたい》のように、すべての面《めん》が合同《ごうどう》な多角形《たかっけい》でてきた多面体《ためんたい》を「正多面体《せいためんたい》」といいます。正多面体《せいためんたい》は、全部《ぜんぶ》で5種類《しゅるい》しかありません(下図《かず》)。

正四面体《せいしめんたい》

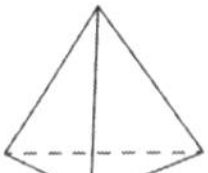

正八面体《せいはちめんたい》

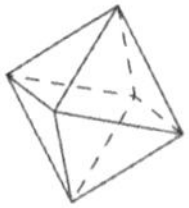

立方体《りっぽうたい》(正六面体《せいろくめんたい》)

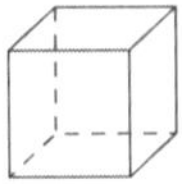

正十二面体《せいじゅうにめんたい》(①)

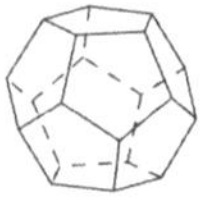

正《せい》二《に》十面体《じゅうめんたい》(②)

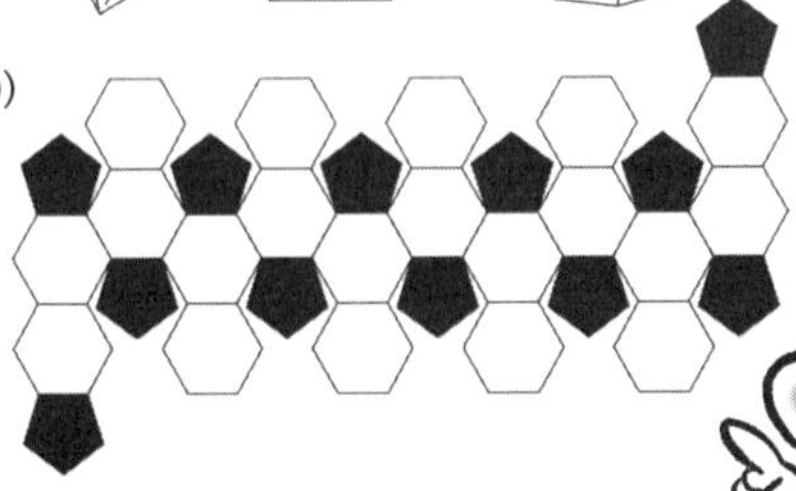

(←)切頂《せっちょう》二《に》十面体《じゅうめんたい》

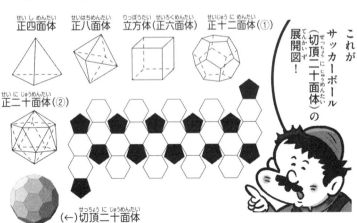

★★★★ クエスチョン 14 Question ★★★★

ブロックはずし

小《ちい》さな子供《こども》が、あなたに近《ちか》づいてきました。手《て》には、図《ず》のようなブロックを持《も》っています。

ブロックは上下《じょうげ》２つのパーツからなり、一見《いっけん》すると外《はず》せそうにありませんが、この子《こ》は「簡単《かんたん》に外《はず》せるよ！」と言《い》っています。あなたはこのブロックが、どのような構造《こうぞう》になっていると思《おも》いますか？

天《てん》の声《こえ》：動《うご》かし方《かた》にも、いろいろあるのぉ…

←答《こた》えは次《つぎ》のページ！

(下《した》の解説《かいせつ》を読《よ》むのじゃ)

①のような構造《こうぞう》になっていれば、上下《じょうげ》どちらかのパーツを前後《ぜんご》に動《うご》かすことで外《はず》せます。答《こた》えはこれ以外《いがい》にもあるので、ぜひ探《さが》してみてください。

ちなみに、日本《にっぽん》の古《ふる》い建築《けんちく》には①のブロックのような複雑《ふくざつ》な構造《こうぞう》をもつものがあります。たとえば大阪城《おおさかじょう》・追手門《おうてもん》の柱《はしら》は、②のようになっています。これは、くぎなどの金属《きんぞく》を使《つか》わずに、木《き》だけを組《く》み合《あ》わせてつくる「木組《きぐ》み」という技術《ぎじゅつ》で、さまざまなパターンがあります。

①

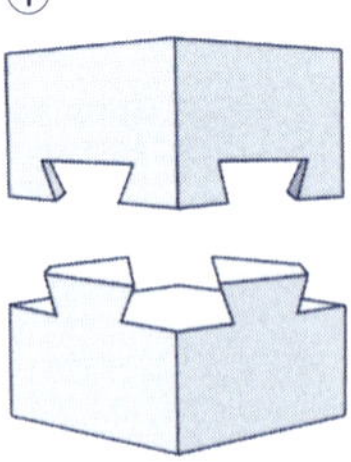

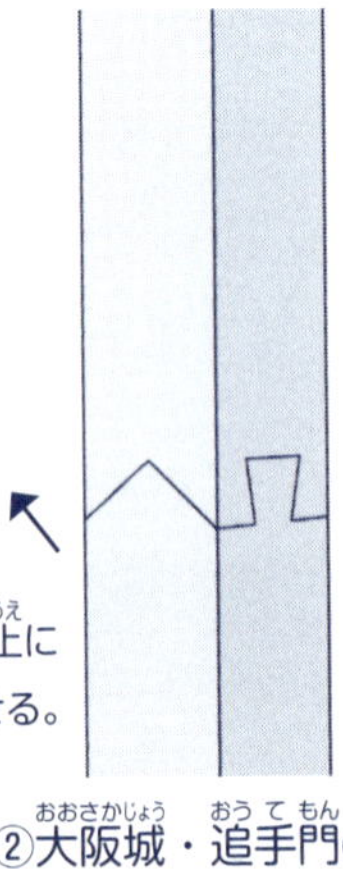
ななめ上《うえ》に
ずらすとはずせる。

②大阪城《おおさかじょう》・追手門《おうてもん》の柱《はしら》

★★★★　★★★★

マス・マスター

小《ちい》さな子供《こども》の正体《しょうたい》は、「数《かず》と計算《けいさん》の使《つか》い」でした。数《かず》と計《けい》算《さん》の使《つか》いは、次《つぎ》のように言《い》いました。

「図《ず》のような『1リットルを量《はか》れるます』だけを使《つか》って、6分《ぶん》の1リットルの水《みず》を量《はか》るには、どうしたらよいか？
正解《せいかい》すれば、数《かず》と計算《けいさん》の塔《とう》に行《い》くための地図《ちず》をやろう」

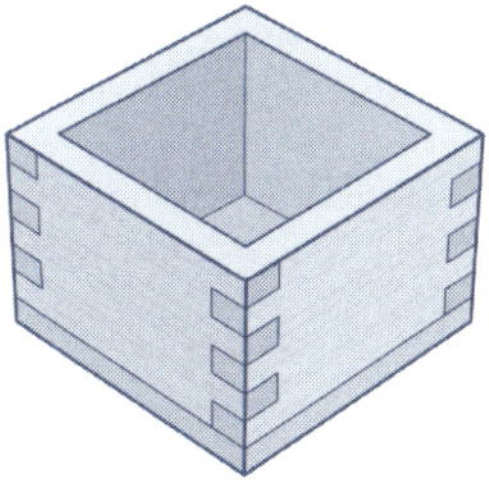

ます（内側《うちがわ》）の辺《へん》の長《なが》さは、それぞれ10センチメートル。

天《てん》の声《こえ》：ある立体《りったい》を思《おも》いうかべると…

←答《こた》えは次《つぎ》のページ！

ますを、①のようにかたむける

※①は下《した》にあります。

①のように、ますに水《みず》を入《い》れてかたむけると、三角《さんかく》すいがあらわれます。

三角《さんかく》すいは、三角柱《さんかくちゅう》の3分《ぶん》の1の体積《たいせき》です…②。また、ますは、三角柱《さんかくちゅう》を2つ合《あ》わせた立体《りったい》でもあります…③。

これらから、①は③の6分《ぶん》の1の体積《たいせき》（＝6分《ぶん》の1リットル）であることがわかります。

①

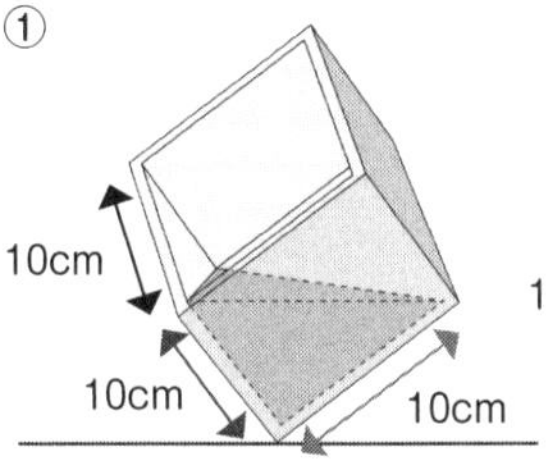

②

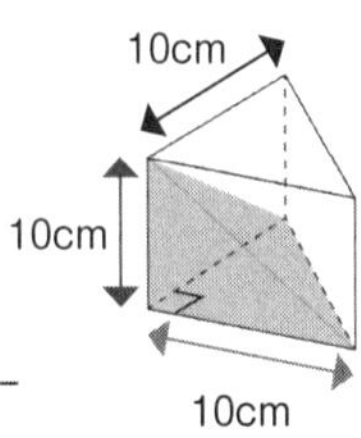

③

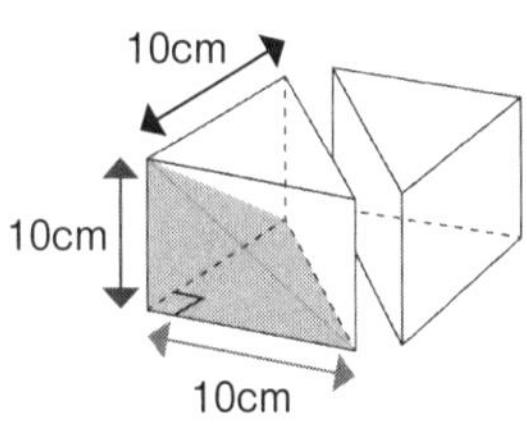

それぞれの体積《たいせき》

①三角《さんかく》すいの体積《たいせき》：底面積《ていめんせき》×高《たか》さ÷3　(10×10÷2)×10÷3=166.66…

→166.67立方《りっぽう》センチメートル（6分《ぶん》の1リットル）

②三角柱《さんかくちゅう》の体積《たいせき》：底面積《ていめんせき》×高《たか》さ　(10×10÷2)×10=500

→500立方《りっぽう》センチメートル（2分《ぶん》の1リットル）

③ますの体積《たいせき》：底面積《ていめんせき》×高《たか》さ　(10×10)×10=1000

→1000立方《りっぽう》センチメートル（1リットル）

警備員《けいびいん》は何人必要《なんにんひつよう》？

床《ゆか》が①のような形《かたち》をした美術館《びじゅつかん》があります。できるだけ少《すく》ない人数《にんずう》で美術館全《びじゅつかんぜん》体《たい》を警備《けいび》するとき、どこに何人《なんにん》、警備員《けいびいん》を配置《はいち》すればよいでしょう。なお、警備《けいび》員《いん》は持《も》ち場《ば》をはなれることはできませんが、360度《ど》を見《み》わたすことができるものとします。

まず、床《ゆか》（八角形《はっかっけい》）をいくつかの三角形《さんかっけい》に分割《ぶんかつ》します。そして、それぞれの三角《さんかっ》形《けい》の頂点《ちょうてん》に記号《きごう》（◯●◎）を割《わ》り当《あ》てます。このとき、となりあう頂点《ちょうてん》どうしの記号《きごう》が同《おな》じにならないようにします…②。

②のうち、最《もっと》も数《かず》の少《すく》ない●の位置《いち》に警備員《けいびいん》を配置《はいち》すれば、美術館全体《びじゅつかんぜんたい》（すべての三角形《さんかっけい》）を警備《けいび》することができます。

なお、一般的《いっぱんてき》に、n角形《かっけい》は$\frac{n}{3}$人《にん》（小数《しょうすう》点《てん》以下《いか》切《き》り捨《す》て）の警備員《けいびいん》で全体《ぜんたい》を警備《けいび》することができます※。

①

②

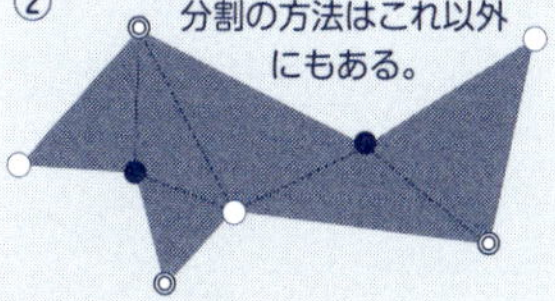

※多角形《たかっけい》の形《かたち》によっては、さらに少《すく》ない人数《にんずう》で見張《みは》れる場合《ばあい》もある。

ステージ
2

数《かず》と計算《けいさん》の塔《とう》

あなたは、もらった地図《ちず》をたよりに「数《かず》と計《けい》算《さん》の塔《とう》」にやってきました。塔《とう》の頂上《ちょうじょう》を目《め》指《ざ》して進《すす》みましょう！

★クリアの条件《じょうけん》★

正解《せいかい》が11問以上《もんいじょう》…ステージクリア！

6～10問《もん》…もう一度《いちど》ちょうせんじゃ

5問以下《もんいか》…修行《しゅぎょう》が足《た》りん！

（前《まえ》のステージにもどるのじゃ）

★★★★ クエスチョン 16 Question ★★★★

0と1

塔《とう》の前《まえ》に門番《もんばん》が立《た》っています。彼《かれ》らの名前《なまえ》は「二進数《にしんすう》」といいます。二進数《にしんすう》は、「0」と「1」の組《く》み合《あ》わせで数《かず》をあらわします。

二進数《にしんすう》の「110」は、私《わたし》たちがふだん使《つか》っているある数《かず》（十進数《じっしんすう》）をあらわしています。いったい何《なん》でしょう？

天《てん》の声《こえ》：「1《いち》」は1,「10《いちぜろ》」は2、「11《いちいち》」は3、「100《いちぜろぜろ》」は4…

←答《こた》えは次《つぎ》のページ！

6

私《わたし》たちがふだん使《つか》う1、2、3などの数《かず》を「十進数《じっしんすう》」といいます。十進数《じっしんすう》は、10個《こ》集《あつ》まると位《くらい》がひとつ上《あ》がり、11、12、13…などとなります。

これに対《たい》し「二進数《にしんすう》」は、2個《こ》集《あつ》まると位《くらい》がひとつ上《あ》がります。1《いち》の次《つぎ》は、10《いちぜろ》、11《いちいち》、その次《つぎ》は100《いちぜろぜろ》、101《いちぜろいち》…となります。

クエスチョンに登場《とうじょう》した110《いちいちぜろ》は、下《した》の表《ひょう》を見《み》るとわかるように、十進《じっしん》数《すう》の6をあらわしています。

コンピュータが
あつかう情報《じょうほう》はすべて
二進数《にしんすう》であらわされるよ

◆十進数《じっしんすう》と二進数《にしんすう》の関係《かんけい》

十進数《じっしんすう》	1	2	3	4	5	6	7	8	9	10	11	12	13	14	15	16	17	…
二進数《にしんすう》	1	10	11	100	101	110	111	1000	1001	1010	1011	1100	1101	1110	1111	10000	10001	…

★★★★  クエスチョン 17 Question  ★★★★

ナンプレ

塔《とう》の入《い》り口《ぐち》の床《ゆか》に、数字《すうじ》とマスがえがかれています。ルールに沿《そ》って、あいているマスに1～9の数字《すうじ》を正《ただ》しく入《い》れると、通《とお》れるようになります。すべてうめてみましょう。

6	9		8		1	2	4	3
2		8		4		5		6
	3	5	9	6	2	1	7	
3	2	1		8	7	4		9
7		9	3		4	6	8	
	6	4	2	9		7	3	1
9	7		5	2	6	8	1	
5		6		3		9		7
1	8	2	4		9		6	5

ルール

- 縦《たて》の列《れつ》で、同《おな》じ数字《すうじ》が重《かさ》なってはならない。
- 横《よこ》の列《れつ》で、同《おな》じ数字《すうじ》が重《かさ》なってはならない。
- 太線《ふとせん》の中《なか》でも、同《おな》じ数字《すうじ》が重《かさ》なってはならない。

天《てん》の声《こえ》：このページをコピーして、ちょうせんするのじゃ！

←答《こた》えは次《つぎ》のページ！

(下《した》の解説《かいせつ》を読《よ》むのじゃ)

塔《とう》の入《い》り口《ぐち》の床《ゆか》にあったのは、「ナンプレ」(ナンバー・プレイス)とよばれるパズルです。アメリカの建築家《けんちくか》ハワード・ガーンスが考《かんが》えだし、1979年《ねん》に、はじめて雑誌《ざっし》にけいさいされました。日本《にっぽん》では、「数独《すうどく》※」という名前《なまえ》でも親《した》しまれています。

ナンプレは、世界中《せかいじゅう》で人気《にんき》があります。9×9マスだけでなく、4×4マスや6×6マスのもの、数字《すうじ》のかわりに文字《もじ》を入《い》れるものなど、さまざまなパターンがつくられています。

6	9	7	8	5	1	2	4	3
2	1	8	7	4	3	5	9	6
4	3	5	9	6	2	1	7	8
3	2	1	6	8	7	4	5	9
7	5	9	3	1	4	6	8	2
8	6	4	2	9	5	7	3	1
9	7	3	5	2	6	8	1	4
5	4	6	1	3	8	9	2	7
1	8	2	4	7	9	3	6	5

※数独《すうどく》は、株式会社《かぶしきがいしゃ》ニコリの登録商標《とうろくしょうひょう》。

★★★★ クエスチョン 18 Question ★★★★

つくりかけの魔法陣《まほうじん》

あなたが少《すこ》し進《すす》むと、先《さき》ほどとは別《べつ》の“模様《もよう》”のついた床《ゆか》が出《で》てきました。見《み》た目《め》はナンプレと似《に》ていますが、ルールがことなります。ルールに沿《そ》って、あいているマスに1～16の数《かず》を正《ただ》しく入《い》れてみましょう。

		8	13
	15		
	4	14	
			2

ルール

- 縦《たて》の列《れつ》の数《かず》の和《わ》と、横《よこ》の列《れつ》の数《かず》の和《わ》と、ななめの列《れつ》の数《かず》の和《わ》が、どれも「34」になるようにする。
- 同《おな》じ数《かず》は、二度使《にどつか》えない（すでに入《はい》っている数《かず》も使《つか》えない）。

天《てん》の声《こえ》：わかりやすそうなところから、手《て》をつけるのじゃ！

←答《こた》えは次《つぎ》のページ！

(下《した》の解説《かいせつ》を読《よ》むのじゃ)

クエスチョンのように縦《たて》、横《よこ》、ななめに並《なら》んだマスの数《かず》の和《わ》が、すべて等《ひと》しくなるものを「魔《ま》方陣《ほうじん》」といいます。

すでに3個《こ》がうまっているななめのマスから考《かんが》えます。「34－15－14－2＝3」で3とわかります。同《おな》じように、その右《みぎ》に10、そして5が入《はい》ることがわかるはずです。

次《つぎ》に、最《もっと》も大《おお》きい16がどこに入《はい》るかを考《かんが》えます。より具《ぐ》体的《たいてき》にいえば、和《わ》が34をこえてしまう可能性《かのうせい》のあるマスをつぶしていくのです。すると左下《ひだりした》が残《のこ》るので、ここに16を入《い》れます。すると、11と1もうめられるはずです。

あとは、残《のこ》った数《かず》をひとつずつ順番《じゅんばん》に試《ため》していけば、答《こた》えにたどりつけます。

3	10	8	13
6	15	1	12
9	4	14	7
16	5	11	2

★★★★  ★★★★

虫食《むしく》い算《ざん》

階段《かいだん》の横《よこ》に置《お》いてあった木箱《きばこ》を開《あ》けると、古《ふる》い紙《かみ》が入《はい》っていました。紙《かみ》には数式《すうしき》が書《か》かれていますが、ところどころ虫《むし》に食《く》われて読《よ》めません。虫《むし》に食《く》われた部分《ぶぶん》（□）に、もともと書《か》かれていた数《かず》は、それぞれ何《なん》でしょう？

① $\begin{array}{r} 5\square \\ +\ \square 2 \\ \hline 128 \end{array}$

② $\begin{array}{r} 4\square \\ -\ \square 9 \\ \hline 12 \end{array}$

③ $\begin{array}{r} 2\square\square 5 \\ +\ \square 38\square \\ \hline 10074 \end{array}$

④ $\begin{array}{r} 14\square \\ \times\ 1\square \\ \hline 994 \\ 1\square 2\ \ \\ \hline \square\square 14 \end{array}$

※どの式《しき》も、最《もっと》も左《ひだり》に0は入《い》れられないものとする。

天《てん》の声《こえ》：□には、数《かず》は1つしか入《はい》らないのじゃ！

←答《こた》えは次《つぎ》のページ！

(下《した》の解説《かいせつ》を読《よ》むのじゃ)

クエスチョンに登場《とうじょう》したのは「虫食《むしく》い算《ざん》」とよばれる計《けい》算問題《さんもんだい》です。虫食《むしく》い算《ざん》は、江《え》戸時代《どじだい》の算数《さんすう》（数学《すうがく》）の教科《きょうか》書《しょ》にものっています。

①～③は、一《ひと》つひとつ試《ため》しながら、ほかの数《かず》と矛盾《むじゅん》が生《しょう》じない数《かず》を探《さが》していきます。

④は、右上《みぎうえ》の□で「かけたときに1の位《くらい》が4になる数《かず》」を探《さが》します。3と8、6と4…などがありますが、ほかの数《かず》と矛盾《むじゅん》が出《で》ないのは、上段《じょうだん》が2、下段《げだん》が7の場合《ばあい》です。

①

$$\begin{array}{r} 5\boxed{6} \\ +\ \boxed{7}2 \\ \hline 128 \end{array}$$

②

$$\begin{array}{r} 4\boxed{1} \\ -\ \boxed{2}9 \\ \hline 12 \end{array}$$

③

$$\begin{array}{r} 2\boxed{6}\boxed{8}5 \\ +\ \boxed{7}38\boxed{9} \\ \hline 10074 \end{array}$$

④

$$\begin{array}{r} 14\boxed{2} \\ \times\ \ 1\boxed{7} \\ \hline 994 \\ 1\boxed{4}2\ \ \\ \hline \boxed{2}\boxed{4}14 \end{array}$$

★★★★  クエスチョン 20 Question  ★★★★

覆面算《ふくめんざん》

階段《かいだん》を上《のぼ》ると、大《おお》きな岩《いわ》が、行《ゆ》く手《て》をふさいでいました。あなたが困《こま》っていると、魔法使《まほうつか》いが言《い》いました。

「見《み》て！　岩《いわ》の表面《ひょうめん》に問題《もんだい》が書《か》かれているわ。もしかしたら、これを解《と》いたら岩《いわ》が消《き》えるんじゃないかしら？」

◆問題《もんだい》◆

アルファベット（カタカナ）に入《はい》る数字《すうじ》は何《なん》でしょう？　なお、同《おな》じ文字《もじ》には同《おな》じ数《かず》、ことなる文字《もじ》にはことなる数《かず》が入《はい》ります。

①
```
    A
  + B
  ---
  A C
```

②
```
  A B
×   C
-----
A A A
```

③
```
  ドレミ
+ ドレミ
--------
ラソミソ
```

※最《もっと》も左《ひだり》に、0は入《い》れられないものとする。

天《てん》の声《こえ》：時《とき》には、コツコツ解《と》いていくことも大切《たいせつ》じゃ…

←答《こた》えは次《つぎ》のページ！

(下《した》の解説《かいせつ》を読《よ》むのじゃ)

①はAとBに注目《ちゅうもく》します。足《た》したときにくり上がりがあり、かつ、それぞれことなる数《かず》の組《く》み合《あ》わせを考《かんが》えます(例《れい》：1と9、2と8など)。それらのうち、数式《すうしき》に入《い》れたときに矛盾《むじゅん》の出《で》ない1と9が正解《せいかい》とわかります。

②はBCにおいて、かけたときにくり上がりがあり、かつ、それぞれことなる数《かず》の組《く》み合《あ》わせを考《かんが》えます。

③は3けたどうしの足《た》し算《ざん》なので、ラは1となります。

また、ドとドを足《た》してラソになるのは5以上《いじょう》です。ここから、残《のこ》りの部分《ぶぶん》で矛盾《むじゅん》が出《で》ない組《く》み合《あ》わせを探《さが》します。

①

```
   A
+  B
────
 A C
  ↓
   1
+  9
────
 1 0
```

②

```
   A B
×    C
──────
 A A A
   ↓
   3 7
×    9
──────
 3 3 3
```

③

```
   ド レ ミ
+  ド レ ミ
───────────
ラ ソ ミ ソ
     ↓
   9 2 4
+  9 2 4
─────────
 1 8 4 8
```

江戸時代《えどじだい》の算数《さんすう》

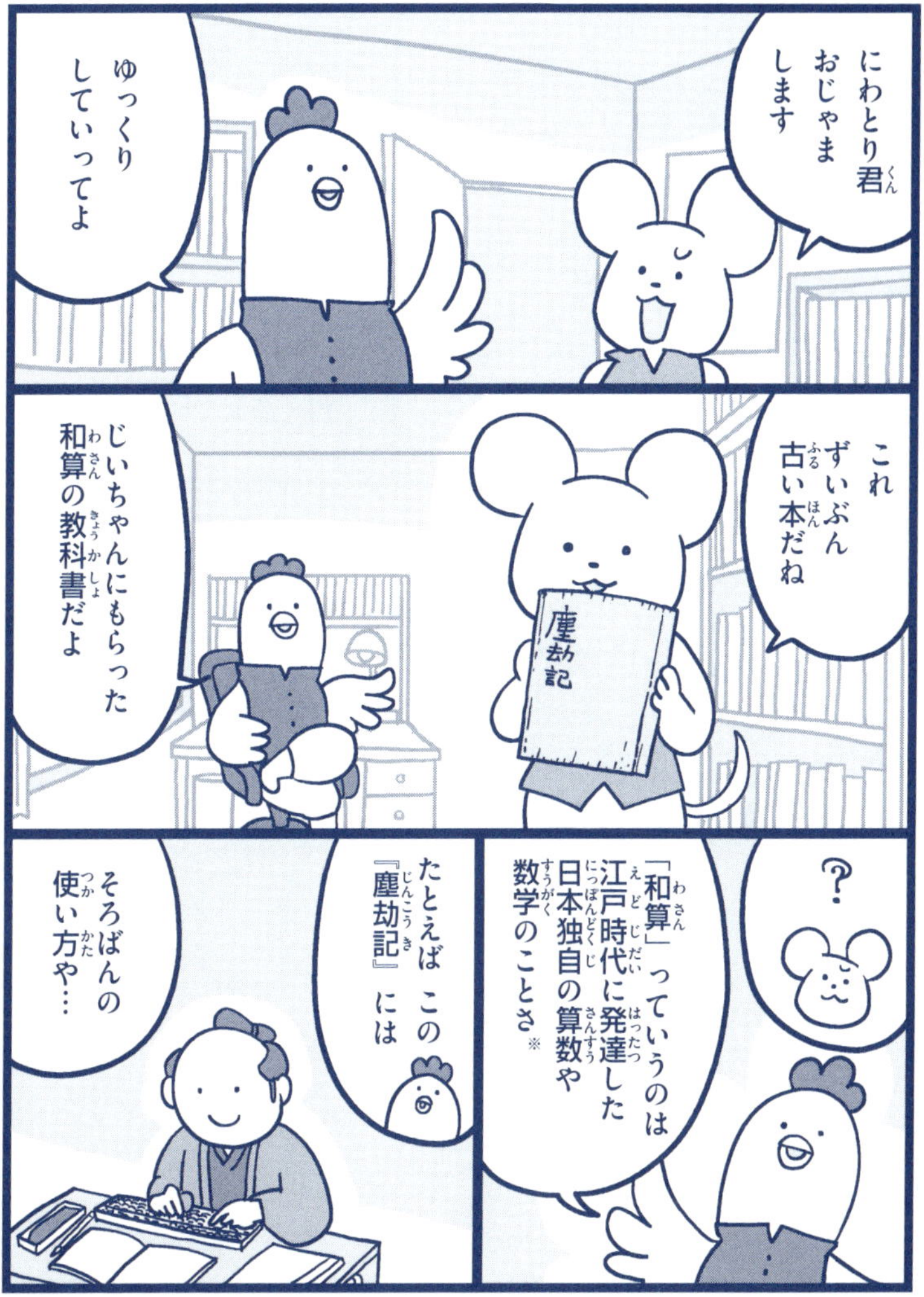

※みんなが学校《がっこう》で習《なら》うのは「洋算《ようざん》」（西洋《せいよう》の算数《さんすう》や数学《すうがく》）。

土地《とち》や
お金《かね》の計算《けいさん》
長さ九門
高さ二門
ひろさ二門
へー
文章問題《ぶんしょうもんだい》などが
イラストとともに
解説《かいせつ》されているんだ
塵劫記《じんこうき》をきっかけに
江戸時代《えどじだい》には
和算《わさん》が大《だい》ブームに
なったんだって
そんなに
すごい
本《ほん》なんだ！
こっちの本《ほん》は？
そっ…
それは
ぼくの
卒業《そつぎょう》アルバム
今《いま》とふんいき
全然《ぜんぜん》ちがうね

★★★★  クエスチョン 21 Question  ★★★★

どれがお得《とく》？1

あなたは階段《かいだん》をしばらく上《のぼ》りつづけていますが、いっこうに頂上《ちょうじょう》が見《み》えないので、一休《ひとやす》みすることにしました。

すると、目《め》の前《まえ》に「ヤモリの商人《しょうにん》」があらわれました。

１個《こ》あたりの値段《ねだん》が最《もっと》も安《やす》いのは、どれでしょう？

①

1300円《えん》
（携帯食《けいたいしょく》10個《こ》入《い》り）

②

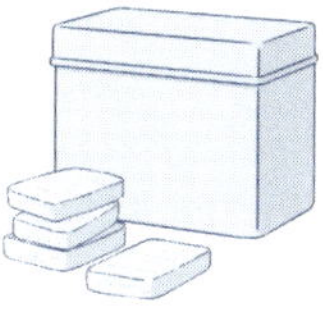

1890円《えん》
（携帯食《けいたいしょく》14個《こ》入《い》り）

③

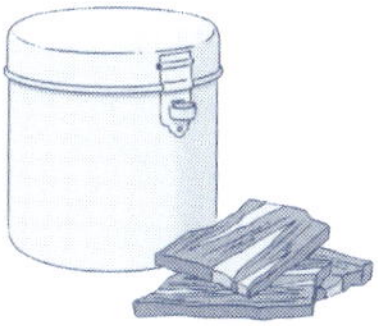

2310円《えん》
（携帯食《けいたいしょく》22個《こ》入《い》り）

天《てん》の声《こえ》：1個《こ》あたりの値段《ねだん》で、くらべたいのぉ…

←答《こた》えは次《つぎ》のページ！

③

1個《こ》あたりの値段《ねだん》を求《もと》めるには、商品《しょうひん》の値段《ねだん》を個数《こすう》で割《わ》ります。

①の商品《しょうひん》の場合《ばあい》、「1300÷10＝130」となり、130円《えん》と求《もと》められます。同《おな》じように、②の商品《しょうひん》の場合《ばあい》は「1890÷14＝135」で135円《えん》、③の商品《しょうひん》の場合《ばあい》は「2310÷22＝105」で105円《えん》と求《もと》められます。つまり、1個《こ》あたりの値段《ねだん》が最《もっと》も安《やす》いのは、③であることがわかります。

私《わたし》たちの日常《にちじょう》でも、お店《みせ》でティッシュや卵《たまご》などを買《か》うときに、このような計算《けいさん》が役《やく》に立《た》ちます。

クエスチョン

22

Question

どれがお得《とく》？2

あなたが商品《しょうひん》を買《か》うと、ヤモリの商人《しょうにん》は「ほかにも、いいものがある」と言《い》って、３種類《しゅるい》の商品《しょうひん》を出《だ》してきました。次《つぎ》のうち、最《もっと》もお得《とく》に買《か》えるのはどれでしょう？

①道具《どうぐ》ぶくろ

5割引《わりびき》

（もとの値段《ねだん》…1850円《えん》）

②魔法書《まほうしょ》

1760円引《えんび》き

（もとの値段《ねだん》…2640円《えん》）

③へんな置物《おきもの》

4割引《わりびき》

（もとの値段《ねだん》…1730円《えん》）

天《てん》の声《こえ》：「○割引《わりびき》」を、小数《しょうすう》であらわすと…

←答《こた》えは次《つぎ》のページ！

②魔法書《まほうしょ》

たとえば、1000円《えん》の商品《しょうひん》が「1割引《わりびき》」で売《う》られていた場合《ばあい》、もとの値段《ねだん》から、その1割《わり》にあたる金額《きんがく》が値引《ねび》かれます。「値引《ねび》き額《がく》」と「値引《ねび》かれたあとの商品《しょうひん》の値段《ねだん》」は、下《した》の★マークの式《しき》を使《つか》って求《もと》めることができます。

①の場合《ばあい》、値引《ねび》き額《がく》は925円《えん》なので、1850から925を引《ひ》いた「925円《えん》」で買《か》えます。同《おな》じように、③は「1038円《えん》」で買《か》えます。

②は、引《ひ》き算《ざん》で求《もと》めます。計算《けいさん》すると「880円《えん》」となり、これが正解《せいかい》であることがわかります。

★値引《ねび》き額《がく》
＝（もとの値段《ねだん》）×（小数《しょうすう》であらわした“○割引《わりびき》”）
★値引《ねび》かれたあとの商品《しょうひん》の値段《ねだん》
＝（もとの値段《ねだん》）－（値引《ねび》き額《がく》）

①1850 × 0.5=925　1850 − 925=925　**925円《えん》**
③1730 × 0.4=692　1730 − 692=1038　**1038円《えん》**
②2640 − 1760=880　**880円《えん》**

★★★★  クエスチョン 23 Question  ★★★★

もともと何個《なんこ》？

ヤモリの商人《しょうにん》は「たくさん買《か》ってくれたお礼《れい》に、次《つぎ》の問題《もんだい》が解《と》けたら、おもしろいものを見《み》せてあげるよ」と言《い》いました。

◆問題《もんだい》◆

お店《みせ》に薬草《やくそう》があります。最初《さいしょ》の１時間《じかん》で全体《ぜんたい》の$\frac{1}{4}$が、次《つぎ》の１時間《じかん》で残《のこ》りの$\frac{2}{5}$が、その次《つぎ》の１時間《じかん》で残《のこ》りの$\frac{2}{3}$が、最後《さいご》の１時間《じかん》で残《のこ》りの$\frac{4}{5}$が売《う》れました。今《いま》、薬草《やくそう》は３個《こ》残《のこ》っています。最初《さいしょ》にあったのは、何個《なんこ》でしょう？

天《てん》の声《こえ》：最後《さいご》の１時間《じかん》に注目《ちゅうもく》じゃ！

←答《こた》えは次《つぎ》のページ！

100個《こ》

はじめの1時間《じかん》を①、次《つぎ》の1時間《じかん》を②、その次《つぎ》の1時間《じかん》を③、そして、最後《さいご》の1時間《じかん》を④とします。

時間《じかん》をさかのぼり、④から順《じゅん》に考《かんが》えます。④では全体《ぜんたい》の$\frac{4}{5}$が売《う》れて、3個《こ》残《のこ》りました。このことから、$\frac{1}{5}$が3個《こ》ということになります。つまり④のはじめには、薬草《やくそう》は15個《こ》あったということです。

③も同《おな》じように考《かんが》えます。全体《ぜんたい》の$\frac{2}{3}$が売《う》れて15個《こ》残《のこ》ったので、$\frac{1}{3}$が15個《こ》になります。よって、③のはじめには45個《こ》あったということです。

②では、全体《ぜんたい》の$\frac{2}{5}$が売《う》れて45個《こ》残《のこ》ったので（$\frac{3}{5}$が45個《こ》）、はじめの数《かず》は75個《こ》です。

①では、全体《ぜんたい》の$\frac{1}{4}$が売《う》れて75個《こ》残《のこ》ったので（$\frac{3}{4}$が75個《こ》）、最初《さいしょ》にあった薬草《やくそう》の数《かず》は100個《こ》とわかります。

魔法《まほう》のものさし

ヤモリの商人《しょうにん》は、あなたにヒソヒソ声《ごえ》で言《い》いました。
「これは、目《め》盛《も》りが３つしかないのに、１～10センチメートルまでの長《なが》さを、１センチメートルかんかくで測《はか》ることができる『魔法《まほう》のものさし』なんだ」

※全長《ぜんちょう》10センチメートル。

ただし、ひとつだけ測《はか》れない長《なが》さがあるといいます。
それは、何《なん》センチメートルでしょう？

天《てん》の声《こえ》：足《た》し算《ざん》の問題《もんだい》…

←答《こた》えは次《つぎ》のページ！

4センチメートル

魔《ま》法《ほう》のものさし上《じょう》にある長《なが》さは1、1、5、3（単《たん》位《い》はセンチメートル）です。これらの数《かず》を足《た》し合《あ》わせたとき、1〜10のうちでつくれない数《かず》が「4」です。よって、4センチメートルが答《こた》えとなります…①。

　魔《ま》法《ほう》のものさしには、さまざまなパターンがあります。たとえば②は、2つの目《め》盛《も》りで、1〜6センチメートルまでの長《なが》さを、1センチメートルかんかくで測《はか》ることができます（全《ぜん》長《ちょう》は6センチメートル）。

①

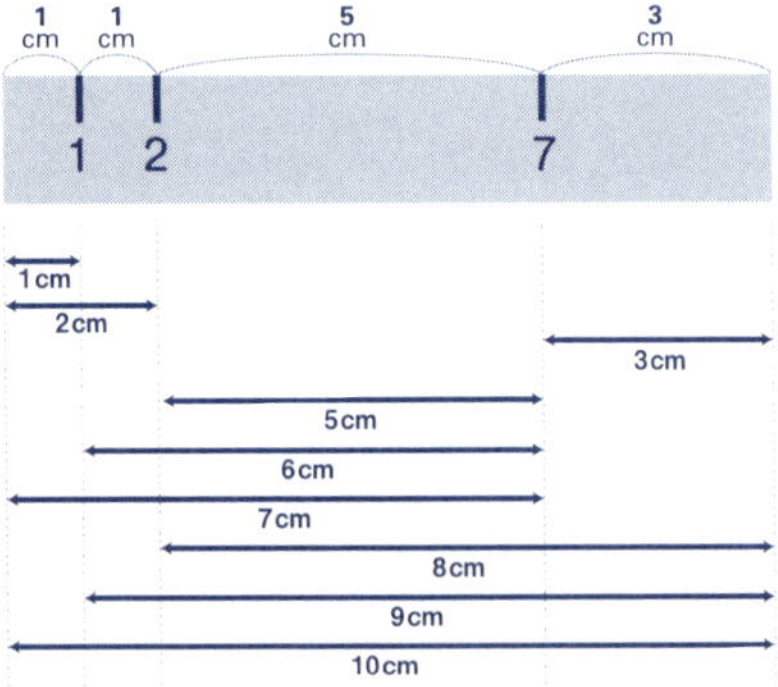

②

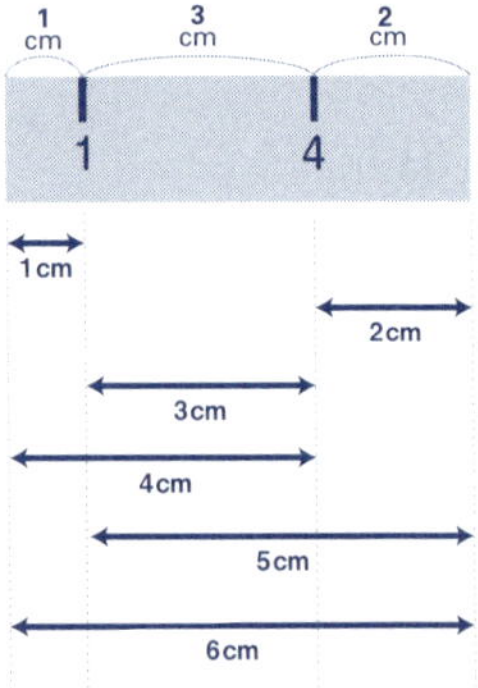

★★★★　★★★★

素数《そすう》アリ

ふたたび階段《かいだん》を上《のぼ》りはじめると、背後《はいご》から「13年《ねん》アリ」と「15年《ねん》アリ」が、おそいかかってきました。

このモンスターは、13と15の最小公倍数《さいしょうこうばいすう》を答《こた》えると、たおすことができます。最小公倍数《さいしょうこうばいすう》を求《もと》めてみましょう。

天《てん》の声《こえ》：最小公倍数《さいしょうこうばいすう》とは、2つの整数《せいすう》に共通《きょうつう》する倍数《ばいすう》のなかで、最《もっと》も小《ちい》さいものじゃ！

←答《こた》えは次《つぎ》のページ！

195

2以上《いじょう》の整数《せいすう》のうち、1とその数《かず》でしか割《わ》り切《き》れない数《かず》を「素数《そすう》」といいます。たとえば13は、1と13でしか割《わ》り切《き》れないので素数《そすう》です。

素数《そすう》は無限《むげん》にあって、出現《しゅつげん》の仕方《しかた》にも規則性《きそくせい》はありません。また、素数《そすう》には「ほかの数《かず》との最小公倍数《さいしょうこうばいすう》が大《おお》きくなる」という性質《せいしつ》もあります。

たとえば、12と15（どちらも素数《そすう》ではない）の最小公倍《さいしょうこうばい》数《すう》は60ですが、13（素数《そすう》）と14（素数《そすう》ではない）の最小公《さいしょうこう》倍数《ばいすう》は182、13（素数《そすう》）と15（素数《そすう》ではない）の最小公《さいしょうこう》倍数《ばいすう》は195です。

◆1から300までにある素数《そすう》

2 3 5 7 11 13 17 19 23 29 31 37
41 43 47 53 59 61 67 71 73 79 83
89 97 101 103 107 109 113 127 131
137 139 149 151 157 163 167 173 179
181 191 193 197 199
211 223 227 229 233
239 241 251 257 263
269 271 277 281
283 293

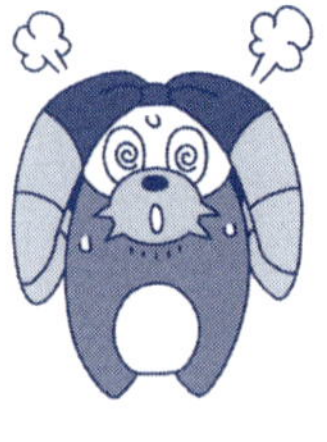

★★★★  ★★★★

巻《ま》かれた玉《たま》

あなたが答《こた》えると、モンスターは「ロープがぴったりと巻《ま》かれた直径《ちょっけい》1メートルの玉《たま》」にドロンと変身《へんしん》しました。すると、玉《たま》が語《かた》りかけてきました。

「このロープを私《わたし》から1メートルはなしてうかせた場合《ばあい》、ロープは今《いま》より何《なん》メートル長《なが》くなる？　汝《なんじ》が正《ただ》しく答《こた》えれば、私《わたし》は解放《かいほう》される…」

※玉《たま》は、きれいな球体《きゅうたい》とする。

天《てん》の声《こえ》：玉《たま》に巻《ま》かれたロープの長《なが》さは、玉《たま》の円周《えんしゅう》と同《おな》じ…

←答《こた》えは次《つぎ》のページ！

6.28メートル

玉《たま》に巻《ま》かれたロープの長《なが》さは、玉《たま》の円周《えんしゅう》と同《おな》じです。円周《えんしゅう》は「直《ちょっ》径《けい》×3.14」（1×3.14＝3.14）で求《もと》められるので、3.14メートルとなります…①。

一方《いっぽう》、「ロープを1メートルうかせる」ことは、「直径《ちょっけい》が2メートル大《おお》きい玉《たま》にロープをぴったりと巻《ま》く」ことと同《おな》じです。玉《たま》に巻《ま》かれたロープの長《なが》さは、玉《たま》の円周《えんしゅう》と同《おな》じなので、「3×3.14＝9.42」で9.42メートルとなります…②。

よって、②から①を引《ひ》いた、6.28メートルが答《こた》えとなります。

◆たとえば、地球《ちきゅう》の場合《ばあい》…

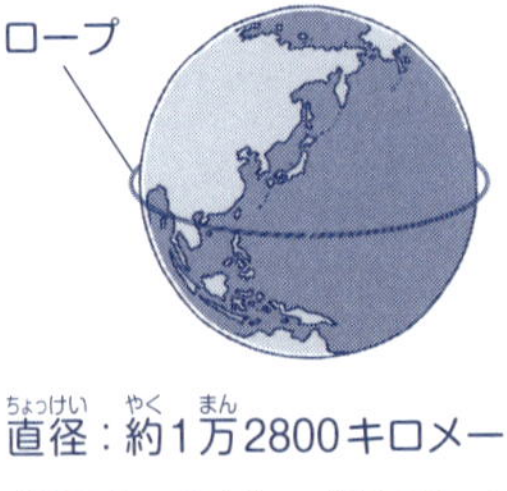

直径《ちょっけい》：約《やく》1万《まん》2800キロメートル

12800 × 3.14 ＝ 40192…①

12802 × 3.14 ＝ 40198.28…②

40198.28 − 40192 ＝ 6.28　**6.28メートル**

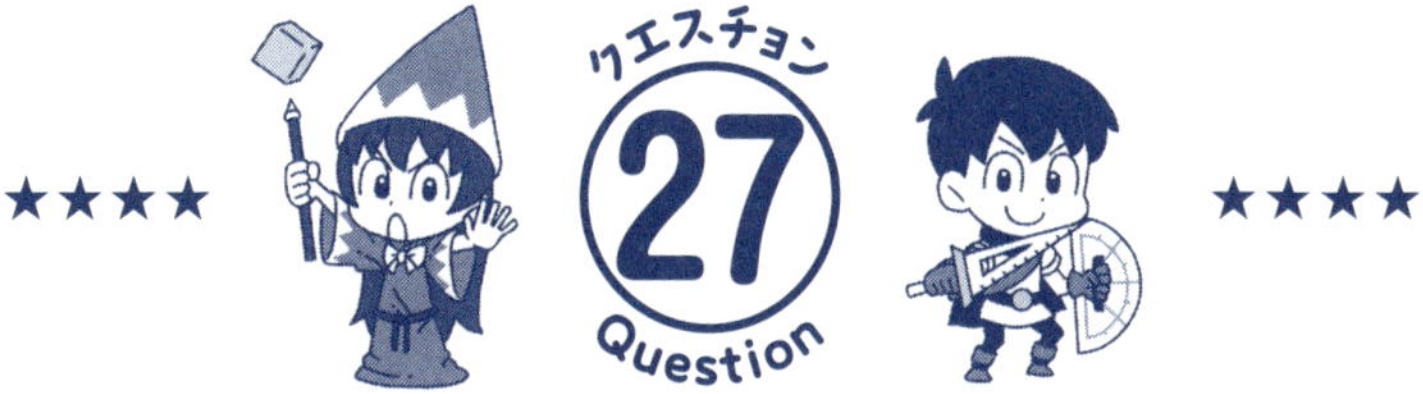

玉《たま》までのきょり

あなたが正解《せいかい》すると、玉《たま》は勢《いきお》いよく塔《とう》の窓《まど》から外《そと》へと飛《と》びだし、かがやきながら空《そら》にうかびはじめました。そのようすを、下《した》のイラストのようなつつでのぞくと、直径《ちょっけい》１メートルの玉《たま》は、「穴《あな》」にぴったりとおさまって見《み》えました。

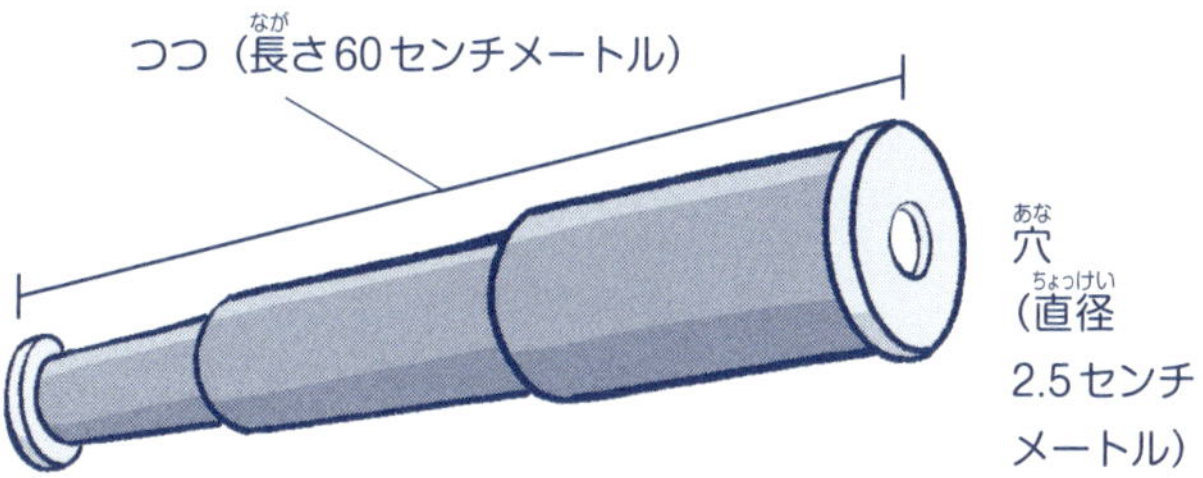

あなたの目《め》から玉《たま》までのきょりは、何《なん》メートルでしょう？

天《てん》の声《こえ》：図《ず》をかいて、問題文《もんだいぶん》を整理《せいり》してみるのじゃ！

←答《こた》えは次《つぎ》のページ！

24メートル

つつの長《なが》さ、つつの穴《あな》の直径《ちょっけい》、玉《たま》までのきょり、玉《たま》の直径《ちょっけい》を整理《せいり》すると、下図《かず》のようになります。

単位《たんい》を合《あ》わせるために、②’玉《たま》の直径《ちょっけい》を「100センチメートル」とします。①’つつの穴《あな》の直径《ちょっけい》は「2.5センチメートル」なので、②’と①’の比《ひ》は、40：1となります。

このことから、玉《たま》までのきょり②は、つつの長《なが》さ①の40倍《ばい》であることがわかるので、目《め》から玉《たま》までのきょりは「60×40＝2400」で2400センチメートル、つまり、24メートルとわかります。

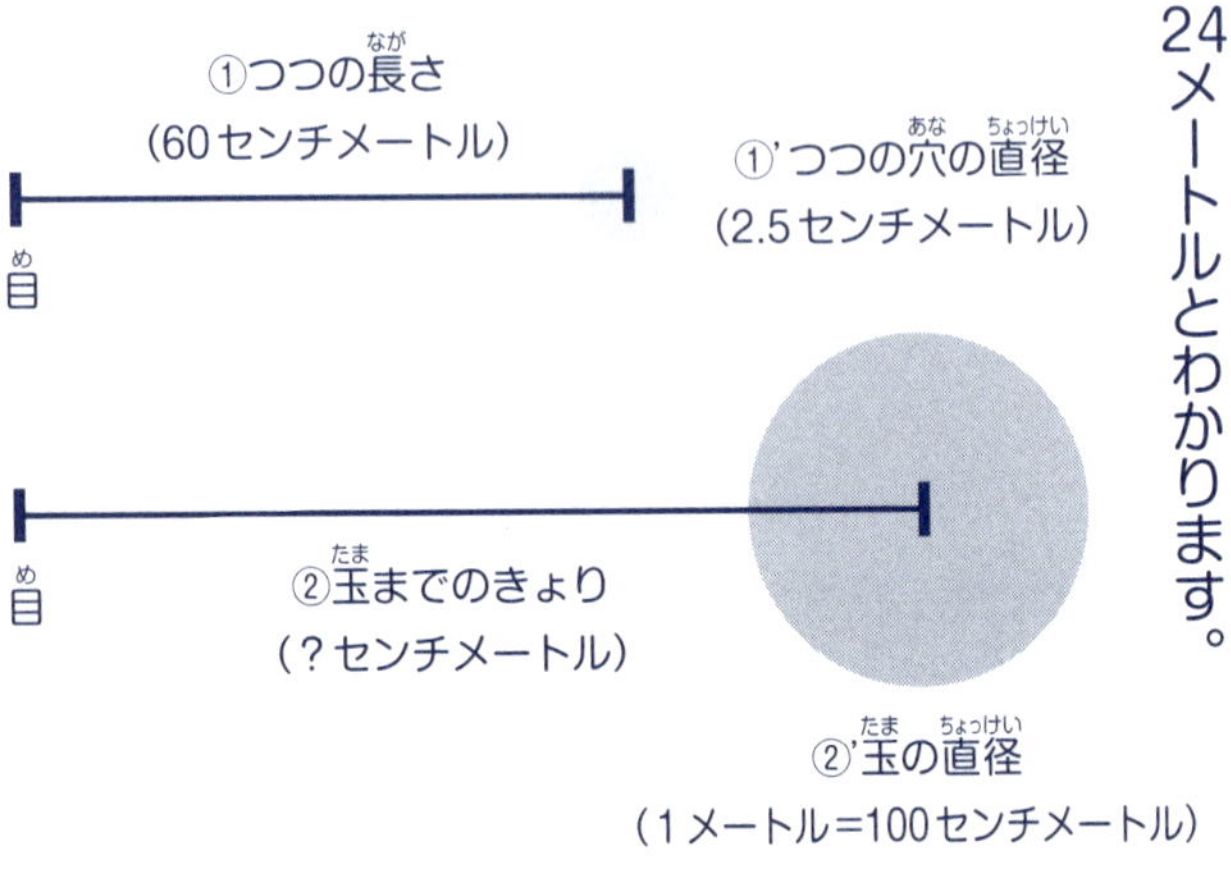

★★★★  ★★★★

ヒポクラテスの三日月《みかづき》

玉《たま》は、あなたに静《しず》かに語《かた》りかけました。

「解放《かいほう》してくれてありがとう。もし、私《わたし》が出《だ》す問題《もんだい》を解《と》くことができたら、この永久階段《えいきゅうかいだん》を終《お》わらせ、汝《なんじ》を『単位《たんい》のどうくつ』へ連《つ》れていこう」

◆問題《もんだい》◆

色《いろ》のついた三日月《みかづき》部分《ぶぶん》の面積《めんせき》を、求《もと》めてみましょう。

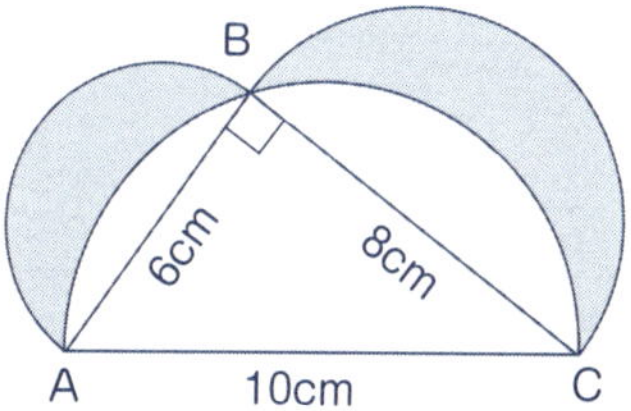

天《てん》の声《こえ》：〇〇から白《しろ》い部分《ぶぶん》を引《ひ》くと…

←答《こた》えは次《つぎ》のページ！

24平方《へいほう》センチメートル

三日月《みかづき》部分《ぶぶん》の面積《めんせき》は、全体《ぜんたい》の面積《めんせき》から、白《しろ》い半円《はんえん》の面積《めんせき》を引《ひ》くことで求《もと》めます。

まず、直角三角形《ちょっかくさんかっけい》ＡＢＣの面積《めんせき》を、「8×6÷2＝24」と求《もと》めます。また、右側《みぎがわ》の半円《はんえん》の面積《めんせき》は「(4×4×3.14)÷2＝25.12」、左側《ひだりがわ》の半円《はんえん》の面《めん》積《せき》は「(3×3×3.14)÷2＝14.13」と求《もと》められます。これらを足《た》すと、「24＋25.12＋14.13＝63.25」となります…①。

次《つぎ》に、真《ま》ん中《なか》の白《しろ》い半円《はんえん》の面積《めんせき》を求《もと》めると、「(5×5×3.14)÷2＝39.25」となります…②。最後《さいご》に①から②を引《ひ》くと、答《こた》えは24平方《へいほう》センチメートルと求《もと》められます。

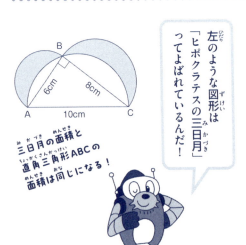

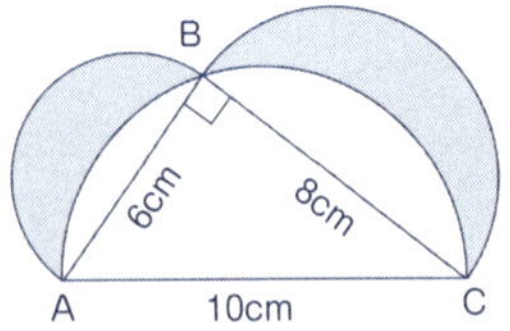

★★★★  ★★★★

すれちがう電車《でんしゃ》

次《つぎ》の瞬間《しゅんかん》、大《おお》きな音《おと》がして塔《とう》がガラガラとくずれはじめました。あなたはにげようとしましたが、何者《なにもの》かが足《あし》をつかんではなしません。「次《つぎ》の問題《もんだい》が解《と》けたら、手《て》を放《はな》してやるよ」

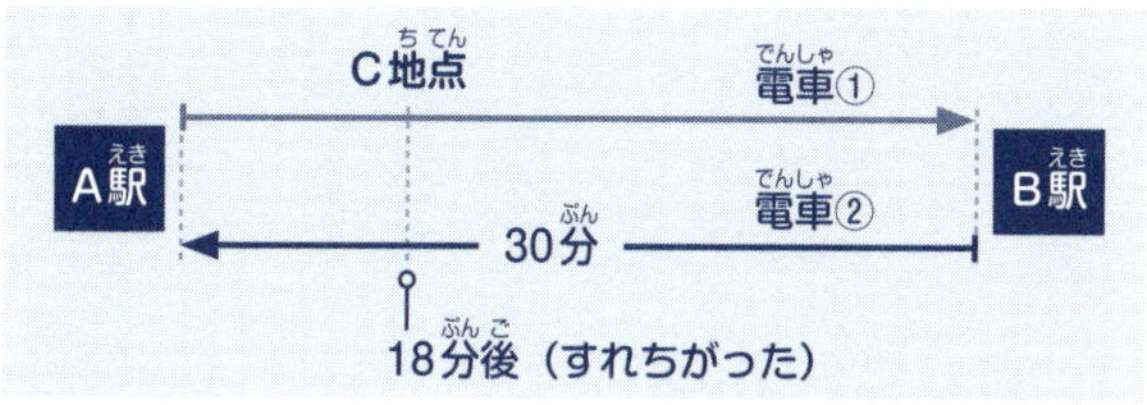

※電車《でんしゃ》の速度《そくど》は一定《いってい》とする。

◆問題《もんだい》◆

A駅《えき》とB駅《えき》から同時《どうじ》に出発《しゅっぱつ》した電車《でんしゃ》①②が、18分後《ぷんご》にC地点《ちてん》ですれちがいました。②がB駅《えき》からA駅《えき》まで30分《ぷん》で走《はし》ったとき、①は何分《なんぷん》でA駅《えき》からB駅《えき》まで走《はし》ったでしょう？

天《てん》の声《こえ》：BC間《かん》、CA間《かん》をくらべると…

←答《こた》えは次《つぎ》のページ！

45分《ふん》

電車《でんしゃ》②はBA間《かん》を30分《ぷん》、BC間《かん》を18分《ぷん》で走《はし》ったので、CA間《かん》を12分《ふん》で走《はし》ったことになります。このことから、BC間《かん》の所《しょ》要時間《ようじかん》は、CA間《かん》の1.5倍《ばい》であることがわかります。

また、電車《でんしゃ》の速度《そくど》は一定《いってい》なので、BC間《かん》のきょりも、CA間《かん》の1.5倍《ばい》とわかります。

一方《いっぽう》、電車《でんしゃ》①はAC間《かん》を18分《ぷん》で走《はし》ったので、CB間《かん》の所要時《しょようじ》間《かん》は、その1.5倍《ばい》の27分《ふん》と計算《けいさん》できます。これらを足《た》すと、答《こた》えは45分《ふん》と求《もと》められます。

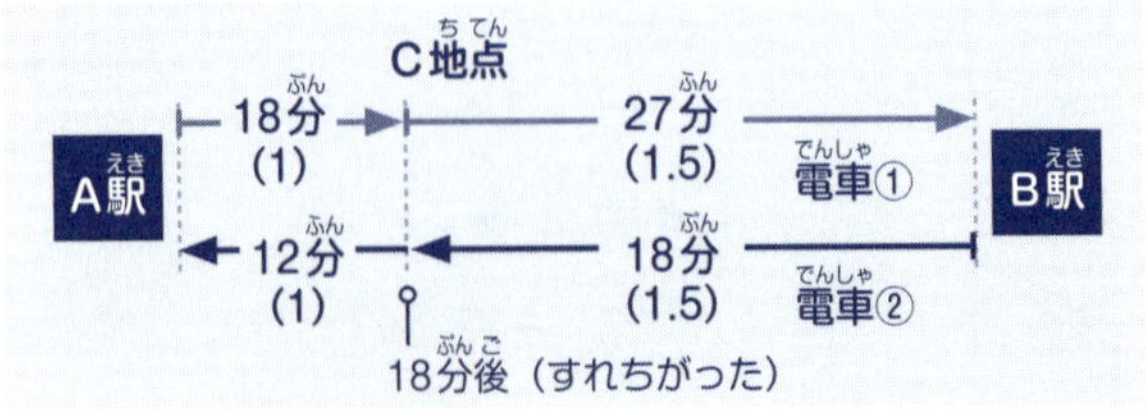

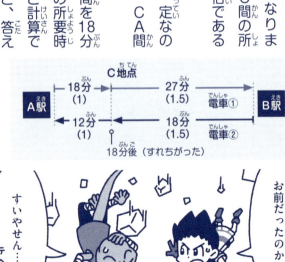

Column

コラム

古代《こだい》エジプトのパンの分《わ》け方《かた》

今《いま》から3500年以上前《ねんいじょうまえ》につくられた、古代《こだい》エジプトの数学書《すうがくしょ》があります。それが「リンド・パピルス」です。長《なが》さ5.5メートル、はば33センチメートルほどの巻物《まきもの》で、80をこえる問題《もんだい》や解《と》き方《かた》が書《か》かれています。

そのひとつに、「4個《こ》のパンを5人《にん》で分《わ》けるには?」という問題《もんだい》があります（パンの個数《こすう》はかえている)。

現代風《げんだいふう》に考《かんが》えれば、ひとりあたりのパンの量《りょう》は、4を5で割《わ》った「$\frac{4}{5}$個《こ》」となります。しかし、古代《こだい》エジプト式《しき》では「分《ぶん》子《し》が1の分数《ぶんすう》」で考《かんが》えます※。

まず、3個《こ》のパンをできるだけ大《おお》きなサイズ（$\frac{1}{2}$）で5つに等分《とうぶん》します…①。このとき、残《のこ》っているパンは「1個《こ》」と「$\frac{1}{2}$個《こ》」です。それぞれを5等分《とうぶん》すると（5で割《わ》ると）、前者《ぜんしゃ》は「$\frac{1}{5}$個《こ》」…②、後者《こうしゃ》は「$\frac{1}{10}$個《こ》」となります…③。

以上《いじょう》のことから、1人《ひとり》あたりのパンの量《りょう》は「$\frac{1}{2}$個《こ》と$\frac{1}{5}$個《こ》と$\frac{1}{10}$個《こ》」となります。

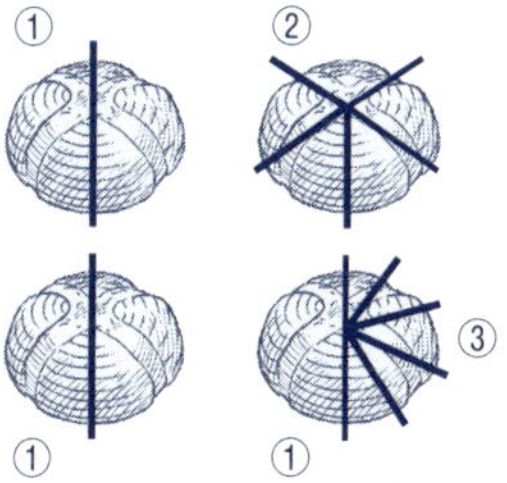

※分子《ぶんし》が、2または3の分数《ぶんすう》も使《つか》われていた。

ステージ

3

単位《たんい》のどうくつ

あなたが目《め》を覚《さ》ますと、そこは、ひんやりとしたどうくつの中《なか》でした。真《ま》っ暗《くら》で、うす気《き》味《み》悪《わる》いなぁ…。

★クリアの条件《じょうけん》★

正解《せいかい》が13問《もん》以《い》上《じょう》…ステージクリア！

9～12問《もん》…もう一度《いちど》ちょうせんじゃ

8問《もん》以《い》下《か》…修行《しゅぎょう》が足《た》りん！

（前《まえ》のステージにもどるのじゃ）

★★★★  ★★★★

王様《おうさま》の体《からだ》のある部分《ぶぶん》

あなたが、おそるおそるどうくつの中《なか》を歩《ある》いていると、どこからか声《こえ》が聞《き》こえてきました。

「古代《こだい》エジプトでは、王様《おうさま》の体《からだ》のある部分《ぶぶん》を、長《なが》さの単位《たんい》(基準《きじゅん》)として使《つか》っていた。ある部分《ぶぶん》とは①〜③のどれだ？ただし、答《こた》えは1つとは限《かぎ》らない…」

①

②
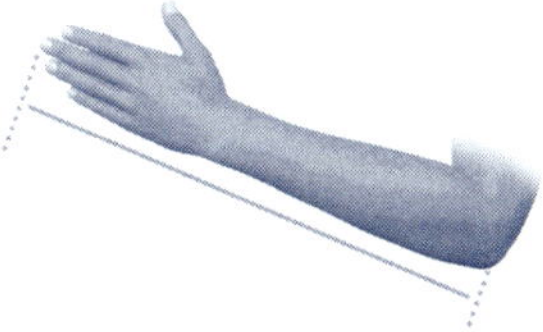

③
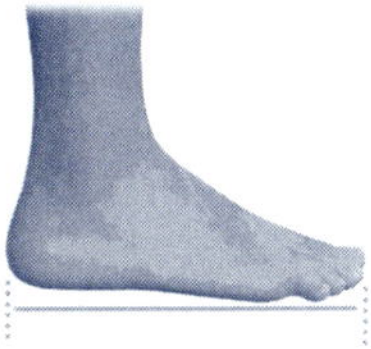

天《てん》の声《こえ》：こんな時代《じだい》も、あったんじゃのぉ…

←答《こた》えは次《つぎ》のページ！

①②③

現在《げんざい》、世界《せかい》には「メートル」や「キログラム」など、共通《きょうつう》の単位《たんい》があります。しかし大《おお》昔《むかし》には、国《くに》や地域《ちいき》ごとに、ことなる単位《たんい》（基準《きじゅん》）が使《つか》われていました。

たとえば古代《こだい》エジプトでは、王様《おうさま》の親指《おやゆび》のはばを「インチ」、中指《なかゆび》の先《さき》からひじまでの長《なが》さを「キュービット」、足《あし》の長《なが》さを「フート」とよび、それらを長《なが》さの基準《きじゅん》としていました。

ちなみに、これらはそれぞれ「インチ」「ヤード※」「フィート」という単位《たんい》のもとになったといわれています。

※キュービットを２倍《ばい》にした「ダブルキュービット」が、ヤードのもと。

★★★★

★★★★

不思議《ふしぎ》な棒《ぼう》

あなたが答《こた》えると、どうくつの中《なか》に「たいまつ」が灯《とも》り、あたりがよく見《み》えるようになりました。すると、大《おお》きな岩《いわ》のかたまりの上《うえ》に、不思議《ふしぎ》な形《かたち》をした金属《きんぞく》の棒《ぼう》が置《お》かれていることに気《き》づきました。

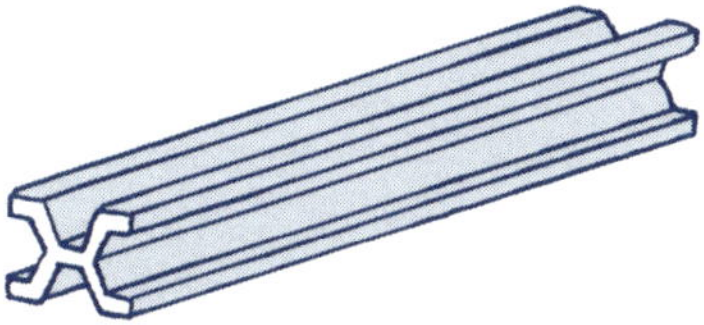

これは、ある単位《たんい》にかかわるものです。ある単位《たんい》とは、いったい何《なん》でしょう？

天《てん》の声《こえ》：プール、短《たん》きょり走《そう》…

←答《こた》えは次《つぎ》のページ！

メートル

時代《じだい》が進《すす》み、貿易《ぼうえき》の発展《はってん》などで国々《くにぐに》の結《むす》びつきが強《つよ》まると、バラバラだった単位《たんい》を統《とう》一《いつ》しようという動《うご》きが、18世《せい》紀末《きまつ》のフランスで生《う》まれました。それは、世界共通《せかいきょうつう》の長《なが》さの単位《たんい》を「メートル（m）」に、重《おも》さ（質量《しつりょう》）の単位《たんい》を「キログラム（kg）」にしようというものです。

その際《さい》、1メートルの基準《きじゅん》とされたのが、クエスチョンに登場《とうじょう》した「国際《こくさい》メートル原《げん》器《き》」です。また、下《した》のイラストは、1キログラムの基準《きじゅん》とされた「国際《こくさい》キログラム原器《げんき》」です※。どちらも、白金《はっきん》（プラチナ）とイリジウムという金属《きんぞく》でできています。

◆ガラスケースに入《はい》った
国際《こくさい》キログラム原器《げんき》

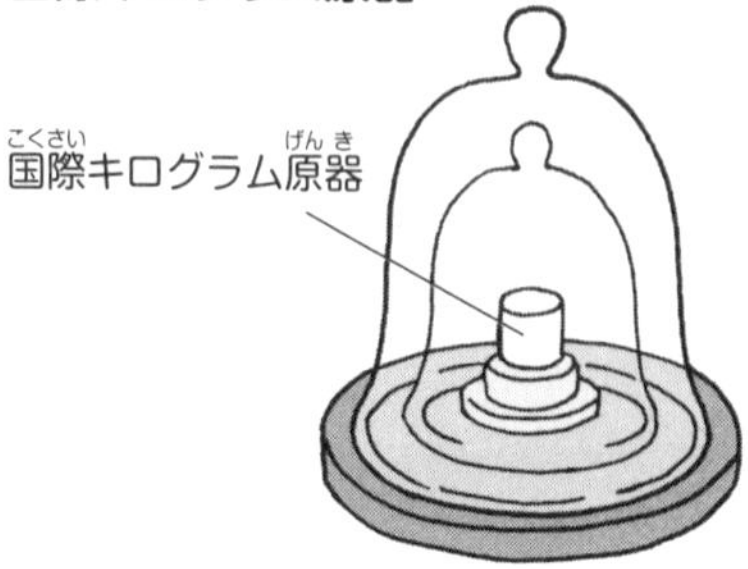

※当初《とうしょ》、1メートルは「地球《ちきゅう》の子午線《しごせん》の北極《ほっきょく》から赤道《せきどう》までの長《なが》さの1000万分《まんぶん》の1」、1キログラムは「水《みず》1リットルの質量《しつりょう》」とされた。その後《ご》、これらをもとに国際原器《こくさいげんき》がつくられた。

★★★★

★★★★

この世《よ》で最《もっと》も速《はや》いもの

次《つぎ》の瞬間《しゅんかん》、金属《きんぞく》の棒《ぼう》が置《お》かれていた岩《いわ》のかたまりは、大男《おおおとこ》にかわりました。大男《おおおとこ》はゆるりと立《た》ち上《あ》がると、あなたに向《む》かって話《はな》しはじめました。

「オレのねむりをじゃましたのは、お前《まえ》か…？　もし、そうでないというなら、この問題《もんだい》を解《と》いてみろ！」

◆問題《もんだい》◆

次《つぎ》のうち、この世《よ》で最《もっと》も速《はや》いものは？

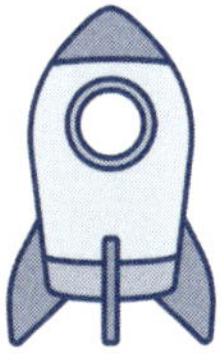

ロケット

音《おと》

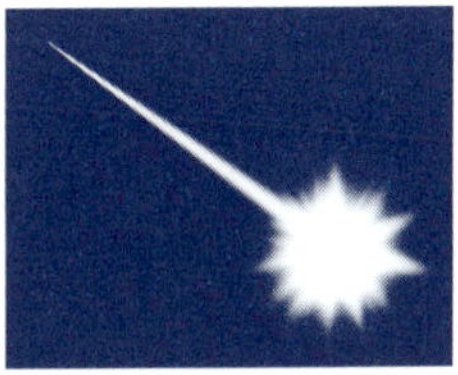

光《ひかり》

天《てん》の声《こえ》：花火大会《はなびたいかい》で花火《はなび》を見《み》ていると…

←答《こた》えは次《つぎ》のページ！

光《ひかり》

ロケットは、時速約《じそくやく》3万《まん》キロメートルで飛行《ひこう》します。では、音《おと》と光《ひかり》はどうでしょう。

たとえば、花火大会《はなびたいかい》で花火《はなび》をながめていると、花火《はなび》が夜《よ》空《ぞら》にパッと広《ひろ》がったあと、音《おと》がおくれて鳴《な》っていることに気《き》づくはずです。このことからわかるように、音《おと》より光《ひかり》のほうが速《はや》く伝《つた》わるのです。音《おと》が秒速約《びょうそくやく》３４０メートルであるのに対《たい》し、光《ひかり》は秒速《びょうそく》30万《まん》キロメートルで、この世《よ》で最《もっと》も速《はや》いものとされています。

さて、76ページの話《はなし》のつづきです。実《じつ》は原器《げんき》には、熱《ねつ》や、年月《ねんげつ》の経過《けいか》で形《かたち》がかわってしまうという欠点《けってん》がありました。そのため現在《げんざい》では、メートル原器《げんき》のかわりに「光《ひかり》の進《すす》む速《はや》さ※」が、キログラム原器《げんき》のかわりに「プランク定数《ていすう》」という物理学《ぶつりがく》で使《つか》われる値《あたい》が、基準《きじゅん》として用《もち》いられています。

※光《ひかり》が真空中《しんくうちゅう》で１秒間《びょうかん》に進《すす》むきょりの、２億《おく》9979万《まん》2458分《ぶん》の1。

★★★★  ★★★★

1○○メートル

いかりのおさまらない大男《おおおとこ》が追《お》いかけてきたので、あなたは全速力《ぜんそくりょく》でにげることにしました。すると、魔法使《まほうつか》いが言《い》いました。「次《つぎ》の問題《もんだい》を解《と》いて！　そうすれば、走《はし》る速《はや》さをアップさせる魔法《まほう》が使《つか》えるから！」

◆問題《もんだい》◆

①～③に、正《ただ》しい順番《じゅんばん》で単位《たんい》をあてはめてみよう。

1メートル> ① >1ミリメートル> ② > ③

◆せんたくし◆

1マイクロメートル　1ナノメートル　1センチメートル

天《てん》の声《こえ》：髪《かみ》の毛《け》の太《ふと》さは、約《やく》80マイクロメートルじゃ！

←答《こた》えは次《つぎ》のページ！

Question《クエスチョン》㉝の答《こた》え

①1センチメートル ②1マイクロメートル ③1ナノメートル

クエスチョンに登場《とうじょう》した長《なが》さの単位《たんい》の関係《かんけい》をまとめると、下図《かず》のようになります。

メートルは、基本単位《きほんたんい》である「メートル」の前《まえ》に、センチ、ミリ、マイクロ、ナノなどのような「接頭語《せっとうご》」（SI《エスアイ》接頭語《せっとうご》）をつけて、大《おお》きな量《りょう》あるいは小《ちい》さな量《りょう》をあらわします。

なお、ここでは長《なが》さの一例《いちれい》を示《しめ》しましたが、重《おも》さなど、ほかの世界共通《せかいきょうつう》の単位《たんい》（国際《こくさい》単位系《たんいけい》）でも、使《つか》われる接頭《せっとう》語《ご》は同《おな》じです。

◆長《なが》さの単位《たんい》の関係《かんけい》（例《れい》）

1m

1cm 1cm 1cm 1cm 1cm 1cm 1cm 1cm

1/100 m

1cm

1mm 1mm 1mm 1mm 1mm 1mm 1mm

100万円《まんえん》の札束《さつたば》の厚《あつ》さは
約《やく》1センチメートル

1/1000 m

1mm

1μm 1μm 1μm 1μm

ミジンコの体長《たいちょう》は
約《やく》2ミリメートル

1/100万《まん》 m

1μm（マイクロメートル）

1nm 1nm 1nm 1nm（ナノメートル）

スギ花粉《かふん》の直径《ちょっけい》は
約《やく》30マイクロメートル

1/10億《おく》 m

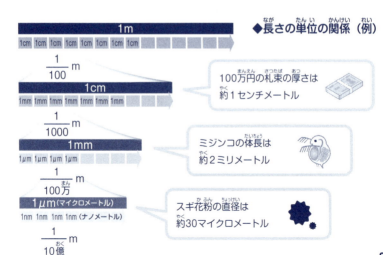

いろんな接頭語《せっとうご》

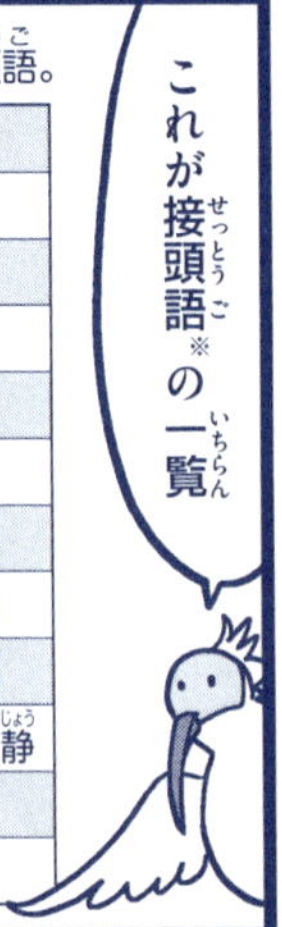

乗数《じょうすう》	名称《めいしょう》	記号《きごう》	和名《わめい》
10^{30}	クエタ	Q	百穣《ひゃくじょう》
10^{27}	ロナ	R	千秭《せんじょ》
10^{24}	ヨタ	Y	秭《じょ》
10^{21}	ゼタ	Z	十垓《じゅうがい》
10^{18}	エクサ	E	百京《ひゃっけい》
10^{15}	ペタ	P	千兆《せんちょう》
10^{12}	テラ	T	兆《ちょう》
10^{9}	ギガ	G	十億《じゅうおく》
10^{6}	メガ	M	百万《ひゃくまん》
10^{3}	キロ	k	千《せん》
10^{2}	ヘクト	h	百《ひゃく》
10^{1}	デカ	da	十《じゅう》
10^{-1}	デシ	d	分《ぶ》
10^{-2}	センチ	c	厘《りん》
10^{-3}	ミリ	m	毛《もう》
10^{-6}	マイクロ	µ	微《び》
10^{-9}	ナノ	n	塵《じん》
10^{-12}	ピコ	p	漠《ばく》
10^{-15}	フェムト	f	須臾《しゅゆ》
10^{-18}	アト	a	刹那《せつな》
10^{-21}	ゼプト	z	清浄《せいじょう》
10^{-24}	ヨクト	y	涅槃寂静《ねはんじゃくじょう》
10^{-27}	ロント	r	—
10^{-30}	クエクト	q	—

※SI《エスアイ》接頭語《せっとうご》。

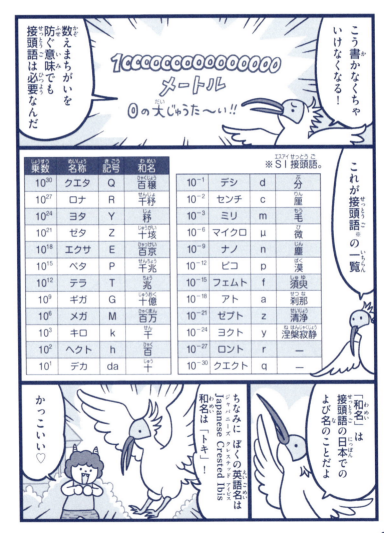

インチのありか

どうにか大男《おおおとこ》をふり切《き》ったあなたは、どうくつの片《かた》すみに光《ひか》る泉《いずみ》を見《み》つけました。あなたがその水《みず》を飲《の》もうとすると、水面《すいめん》に文字《もじ》がうかび上《あ》がりました。

「生活《せいかつ》のなかにある、『インチ』という単位《たんい》が使《つか》われているものを２つ答《こた》えよ…」

天《てん》の声《こえ》：みんなが、ふだんよく目《め》にするものじゃ…

←答《こた》えは次《つぎ》のページ！

テレビ、パソコン、スマートフォン、自転車《じてんしゃ》、自動車《じどうしゃ》、衣類《いるい》 など

「インチ（in）」は、とくにアメリカやイギリスなどで使《つか》われることが多《おお》い、長《なが》さの単《たん》位《い》です。世界共通《せかいきょうつう》の単位《たんい》ではありませんが、昔《むかし》からの習慣《しゅうかん》で、現在《げんざい》も使《つか》われています。

1インチは2.54センチメートルです。1インチの12倍《ばい》が「1フィート(ft)」、1フィートの3倍《ばい》が「1ヤード(yd)」、1ヤードの1760倍《ばい》が「1マイル（mi）」（1.609キロメートル）です。

これらの単位《たんい》は、私《わたし》たちに身近《みぢか》なところでも見《み》られます。たとえば、テレビの画面《がめん》や自《じ》転車《てんしゃ》・自動車《じどうしゃ》のタイヤ、衣類《いるい》などのサイズをあらわすときに「インチ」が使《つか》われます。

たとえば「26インチ（26型《がた》）テレビ」の場《ば》合《あい》、対角線《たいかくせん》の長《なが》さが66センチメートルほどあることになる（2.54×26＝66.04）。

★★★★  ★★★★

ポンド←→キログラム

あなたが答《こた》えると、水面《すいめん》の文字《もじ》がかわりました。

「次《つぎ》の問題《もんだい》に正解《せいかい》すれば、この水《みず》は、傷《きず》やつかれをいやすものとなる。ただし、不正解《ふせいかい》なら毒《どく》となるだろう…」

◆問題《もんだい》◆

「ポンド」という単位《たんい》の値《あたい》を、「キログラム」に直《なお》そう。

①ステーキ
1ポンド

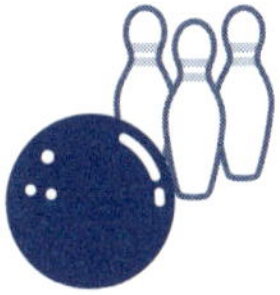

②ボーリングの玉《たま》
7ポンド

③ボクシング選手《せんしゅ》の体重《たいじゅう》
116ポンド

※小数点第三位《しょうすうてんだいさんい》を四捨五入《ししゃごにゅう》して、小数点第二位《しょうすうてんだいにい》まで求《もと》めましょう。

天《てん》の声《こえ》：1ポンドは、453.59237グラムとするのじゃ！

←答《こた》えは次《つぎ》のページ！

①0.45キログラム
②3.18キログラム　③52.62キログラム

「ポンド（lb）」も、世界共《せかいきょう》通《つう》の単位《たんい》ではありませんが、とくにアメリカやイギリスなどで使《つか》われることが多《おお》い、重《おも》さの単位《たんい》です。

天《てん》の声《こえ》が教《おし》えてくれた値《あたい》をもとにかけ算《ざん》をし、出《で》た値《あたい》を1000で割《わ》ってキログラムに直《なお》せば※、問題《もんだい》の答《こた》えを求《もと》めることができます。

ちなみにボクシングでは、選手《せんしゅ》の体重《たいじゅう》ごとに複数《ふくすう》の「階《かい》級《きゅう》」が設《もう》けられていて、同《おな》じ階級《かいきゅう》の選手《せんしゅ》どうしで試合《しあい》を行《おこな》います。プロボクシングの場《ば》合《あい》、たとえば116ポンド（52.62キログラム）の選手《せんしゅ》であれば「バンタム級《きゅう》」にあたります。

◆アメリカやイギリスなどで使《つか》われる重《おも》さの単位《たんい》の関係《かんけい》（例《れい》）

1ポンド（lb）
…453.59237グラム

1オンス（oz）
…28.3495グラム
（1ポンドの$\frac{1}{16}$）

1グレーン（gr）
…0.064799グラム
（1ポンドの$\frac{1}{7000}$）

※小数点第三位《しょうすうてんだいさんい》を四捨五入《ししゃごにゅう》し、小数点第二位《しょうすうてんだいにい》までとする。

★★★★  クエスチョン 36 Question  ★★★★

火星《かせい》に行《い》きたい

泉《いずみ》の水《みず》を飲《の》んでいると、あなたの足《あし》もとに、地底《ちてい》にすむカエルがあらわれました。

「なぁ、オレはずっとここにすんでいるんだけど、火星《かせい》に行《い》くのが夢《ゆめ》なんだ。地球《ちきゅう》から火星《かせい》まで、時速《じそく》3万《まん》キロメートルのロケットで、何日間《なんにちかん》かかるんだい？」

天《てん》の声《こえ》：地球《ちきゅう》から火星《かせい》までのきょりは、5759万《まん》キロメートルとするのじゃ！

←答《こた》えは次《つぎ》のページ！

80日間《にちかん》

地球《ちきゅう》から火星《かせい》までのきょり5759万《まん》キロメートルを、ロケットの時速《じそく》3万《まん》キロメートルで割《わ》ると、約《やく》1920時《じ》間《かん》かかることがわかります。1日《にち》は24時間《じかん》なので、これを24で割《わ》ると、「80日間《にちかん》」と求《もと》められます。

地球《ちきゅう》や火星《かせい》など太陽系《たいようけい》の惑《わく》星《せい》は、太陽《たいよう》のまわりをまわって（公転《こうてん》して）います。太陽《たいよう》のまわりを1周《しゅう》するスピードやその道筋《みちすじ》（公転軌道《こうてんきどう》）は、惑星《わくせい》ごとにことなるため、地《ち》球《きゅう》と火星《かせい》のきょりは、つねにかわります。5759万《まん》キロメートルというのは、2018年《ねん》に、火星《かせい》がとくに地球《ちきゅう》に接近《せっきん》したときの値《あたい》です。

★★★★  ★★★★

トロッコに積《つ》める量《りょう》

地底《ちてい》にすむカエルは、つづけてあなたに言《い》いました。

「オレ、これから魔法石《まほうせき》を、女神《めがみ》さまに届《とど》けなくちゃいけないんだ。手伝《てつだ》ってくれよ！」

うんぱんにはトロッコを使《つか》いますが、このトロッコは１トン以上《いじょう》積《つ》むと、こわれてしまいます。魔法石《まほうせき》が１個《こ》500グラムだった場合《ばあい》、最大《さいだい》で何個《なんこ》積《つ》むことができるでしょう？

天《てん》の声《こえ》：1トンは、1000キログラムじゃが…
早《はや》とちりはいかんぞ！

←答《こた》えは次《つぎ》のページ！

1999個《こ》

魔《ま》法石《ほうせき》は1個《こ》500グラムなので、2個《こ》で1キログラムです。つまり、2000個《こ》で1000キログラム(1トン)になります。

一方《いっぽう》、トロッコは1トン以《い》上《じょう》積《つ》むとこわれてしまうので、2000個《こ》を積《つ》むことはできません。よって、1個《こ》を引《ひ》いた1999個《こ》が答《こた》えとなります。

「トン(t)」は、重《おも》さ(質量《しつりょう》)をあらわす単位《たんい》です。世界共《せかいきょう》通《つう》の単位《たんい》ではありませんが、世界共通《せかいきょうつう》の単位《たんい》と一緒《いっしょ》に使《つか》ってもよいとされています。

◆トンには、いろいろある

通常《つうじょう》のトン（仏《ふつ》トン）
1トン＝1000キログラム

アメリカで使《つか》われるトン（米《べい》トン）
1トン＝2000ポンド＝約《やく》907キログラム

イギリスで使《つか》われるトン（英《えい》トン）
1トン＝2240ポンド＝約《やく》1016キログラム

★★★★  ★★★★

困《こま》ったレシピ

魔法石《まほうせき》を積《つ》んだトロッコをおしていると、地底《ちてい》にすむカエルが「腹《はら》が減《へ》ったから、食《た》べるものをつくってくれよ。レシピは、あるからさ！」と言《い》いました。

レシピには次《つぎ》のように書《か》かれています。①〜③の材料《ざいりょう》は、それぞれ何《なん》ミリリットル必要《ひつよう》でしょう？

①岩《いわ》のしずく……小《こ》さじ2
②地底《ちてい》グモのなみだ……大《おお》さじ1と$\frac{2}{3}$
③薬草《やくそう》のしぼりじる……$\frac{3}{5}$カップ
ヒカリモモの実《み》……3個《こ》

天《てん》の声《こえ》：大《おお》さじは15ミリリットル、小《こ》さじはその3分《ぶん》の1。1カップは、小《こ》さじの40倍《ばい》じゃ！

←答《こた》えは次《つぎ》のページ！

①10　②25　③120

(単位《たんい》はすべてミリリットル：mL)

大《おお》さじは15ミリリットル、小《こ》さじはその3分《ぶん》の1なので5ミリリットル。1カップは小《こ》さじの40倍《ばい》なので、200ミリリットルです。これらをもとに計算《けいさん》すると、①は「5×2＝10」、②は「15＋(15×$\frac{2}{3}$)＝25」、③は「200×$\frac{3}{5}$＝120」と求《もと》められます。

さて、料理《りょうり》のレシピでは、「シーシー（cc）」という単位《たんい》が使《つか》われることもあります。

1シーシーは、1ミリリットルです。また、シーシーとは立方《りっぽう》センチメートル（cm^3）の英語表記《えいごひょうき》「cubic centimetre」を省略《しょうりゃく》した単位記号《たんいきごう》なので、1シーシー＝1ミリリットル＝1立方《りっぽう》センチメートルという関係《かんけい》が成《な》り立《た》ちます。

★★★★  ★★★★

ゴールは「一里塚《いちりづか》」

おなかがいっぱいになった地底《ちてい》にすむカエルは、「そこに『一里塚《いちりづか》』が見《み》えるだろ？　ゴールは、次《つぎ》の一里塚《いちりづか》があるところだよ」と言《い》いました。ゴールは、ここから約何《やくなん》キロメートル先《さき》にあるでしょう？　ヒントをもとに考《かんが》えてみましょう。

◆ヒント◆

- 一里塚《いちりづか》とは、「1里《り》」ごとに置《お》かれた目印《めじるし》のこと。
- 「1町《ちょう》」の36倍《ばい》が1里《り》。
- 「1間《けん》」の60倍《ばい》が1町《ちょう》。
- 1間《けん》は、約《やく》1.82メートル。

天《てん》の声《こえ》：里《り》、町《ちょう》、間《けん》は、日本《にっぽん》に古《ふる》くからある単位《たんい》のひとつじゃ！

←答《こた》えは次《つぎ》のページ！

約《やく》4キロメートル先《さき》

アメリカやイギリスのインチやポンドなどのように、日本《にっぽん》にも、古《ふる》くから使《つか》われてきた（いる）独自《どくじ》の単位《たんい》があります。その一例《いちれい》が下《した》の表《ひょう》です。1里《り》は4キロメートルであることがわかりますね。

これらの単位《たんい》は、現《げん》代《だい》でも見《み》られます。たとえば『一寸法師《いっすんぼうし》』という昔話《むかしばなし》の〝一寸《いっすん》〟は、主人公《しゅじんこう》の身長《しんちょう》が約《やく》3センチメートルということです。また、「尺八《しゃくはち》」という楽器《がっき》は、楽器《がっき》の長《なが》さが主《おも》に1尺《しゃく》8寸《すん》（約《やく》54センチメートル）であることから、その名前《なまえ》がつけられました。

◆日本《にっぽん》の長《なが》さの単位《たんい》（例《れい》）

約《やく》4km	1里（り）	36町《ちょう》
約《やく》109m	1町（ちょう）	60間《けん》
約《やく》1.82m	1間（けん）	6尺《しゃく》
約《やく》3m	1丈（じょう）	10尺《しゃく》
約《やく》30cm	1尺（しゃく）	10寸《すん》
約《やく》3cm	1寸（すん）	10分《ぶ》
約《やく》3mm	1分（ぶ）	

★★★★

★★★★

真珠《しんじゅ》の取《と》り引《ひ》き

やっとの思《おも》いで１里《り》（約《やく》４キロメートル）を歩《ある》き切《き》ると、鉄製《てっせい》の大《おお》きなとびらが、あなたの目《め》の前《まえ》にあらわれました。「いつもなら開《ひら》いているのになぁ…」と地底《ちてい》にすむカエルが言《い》うと、とびらのおくから声《こえ》が聞《き》こえてきました。

「この辺《へん》では見《み》ない顔《かお》がいるな。力《ちから》を試《ため》させてもらおう」

◆問題《もんだい》◆

真珠《しんじゅ》の取《と》り引《ひ》きでは、「匁《もんめ》」という、日本《にっぽん》に古《ふる》くからある重《おも》さ（質量《しつりょう》）の単位《たんい》が使《つか》われています。１匁《もんめ》は、現代《げんだい》のある硬貨《こうか》１枚《まい》と同《おな》じ重《おも》さです。それは、何円玉《なんえんだま》でしょう？

天《てん》の声《こえ》：銅《どう》と亜鉛《あえん》の合金《ごうきん》でできている…

←答《こた》えは次《つぎ》のページ！

5円玉《えんだま》

日本《にっぽん》に古《ふる》くからある単位《たんい》には、重《おも》さ（質量《しつりょう》）をあらわすものもあります。それが「貫《かん》」「斤《きん》」「両《りょう》」「匁《もんめ》」です。たとえば、1匁《もんめ》は3.75グラムで、これは現代《げんだい》の5円玉《えんだま》1枚《まい》と同《おな》じ重《おも》さです。

匁《もんめ》は江戸時代《えどじだい》に、貨幣《かへい》（銀貨《ぎんか》）の重《おも》さを量《はか》る単位《たんい》として使《つか》われていました。江戸時代《えどじだい》には3種類《しゅるい》の貨幣《かへい》があり、「金貨《きんか》」と「銭貨《せんか》」は現代《げんだい》のお金《かね》のように、示《しめ》された額面《がくめん》と、枚数《まいすう》で価値《かち》が決《き》まっていました。これに対《たい》し「銀貨《ぎんか》」は、重《おも》さで価値《かち》が決《き》まっていました※。

現代《げんだい》では、匁《もんめ》は真珠《しんじゅ》の取《と》り引《ひ》きでのみ使《つか》われています。

◆日本《にっぽん》の重《おも》さ（質量《しつりょう》）の単位《たんい》の一例《いちれい》

3.75キログラム	1貫（かん）	100両《りょう》
600グラム	1斤（きん）	16両《りょう》
37.5グラム	1両（りょう）	10匁《もんめ》
3.75グラム	1匁（もんめ）	

※江戸時代中期以降《えどじだいちゅうきいこう》は、額面《がくめん》と枚数《まいすう》で価値《かち》が決《き》まる銀貨《ぎんか》が登場《とうじょう》する。

★★★★ 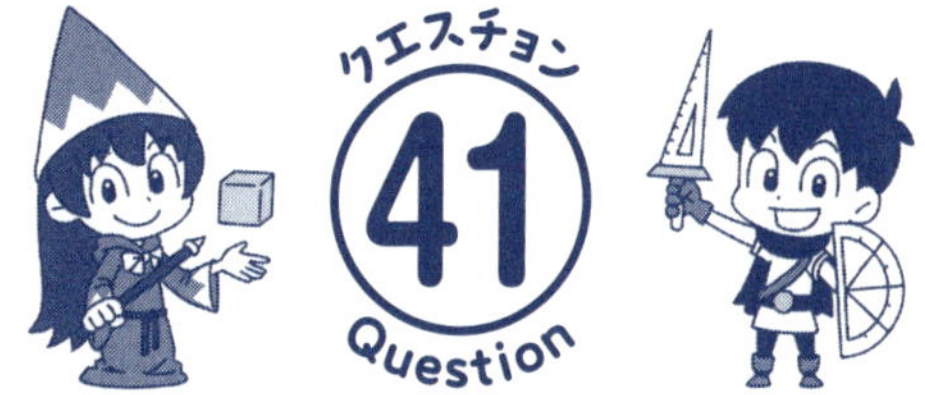 ★★★★

A0判《エーゼロばん》の大《おお》きさ

とびらのおくの声《こえ》は「なかなかやるな、では次《つぎ》の問題《もんだい》だ」と言《い》いました。

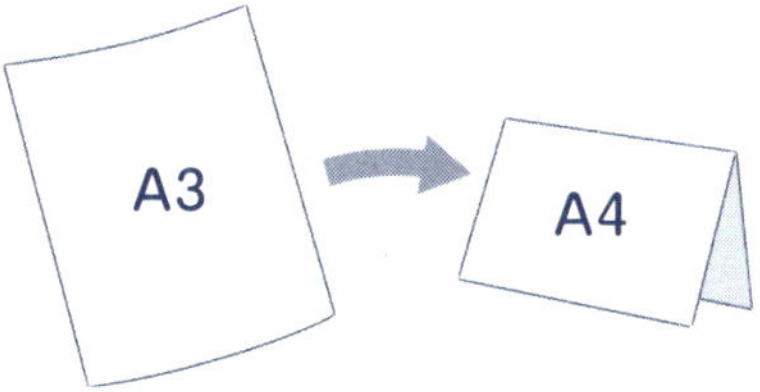

◆問題《もんだい》◆

コピー用紙《ようし》には、さまざまなサイズがあります。たとえば、A3判《エーさんばん》（縦《たて》420ミリメートル・横《よこ》297ミリメートル）を半《はん》分《ぶん》に折《お》ると、A4判《エーよんばん》（縦《たて》297ミリメートル・横《よこ》210ミリメートル）になります。では、A0判《エーゼロばん》は、縦《たて》・横《よこ》それぞれ何《なん》ミリメートルでしょう？

天《てん》の声《こえ》：縦《たて》は長《なが》いほうの辺《へん》、横《よこ》は短《みじか》いほうの辺《へん》じゃ！

←答《こた》えは次《つぎ》のページ！

縦《たて》1189ミリメートル・横《よこ》841ミリメートル

A3判《ばん》を半分《はんぶん》に折《お》るとA4判《ばん》になるということは、A3判《ばん》の横《よこ》（短《みじか》い辺《へん》）と、A4判《ばん》の縦《たて》（長《なが》い辺《へん》）が同《おな》じ長《なが》さということです。ここからA2判《ばん》、A1判《ばん》を考《かんが》えていくと、A0判《ばん》の縦横《たてよこ》の長《なが》さが求《もと》められます※。

　これらの関係《かんけい》をまとめたのが①です。縦《たて》は横《よこ》の約《やく》1.4（$\sqrt{2}$）倍《ばい》になっています。$\sqrt{}$は根号《こんごう》（または平方根《へいほうこん》）とよばれる記号《きごう》で、「ルート」と読《よ》みます。$\sqrt{2}$は、2回《かい》かけると2になる数《かず》という意味《いみ》で、$\sqrt{2}$＝1.41421356…とあらわすことができます。

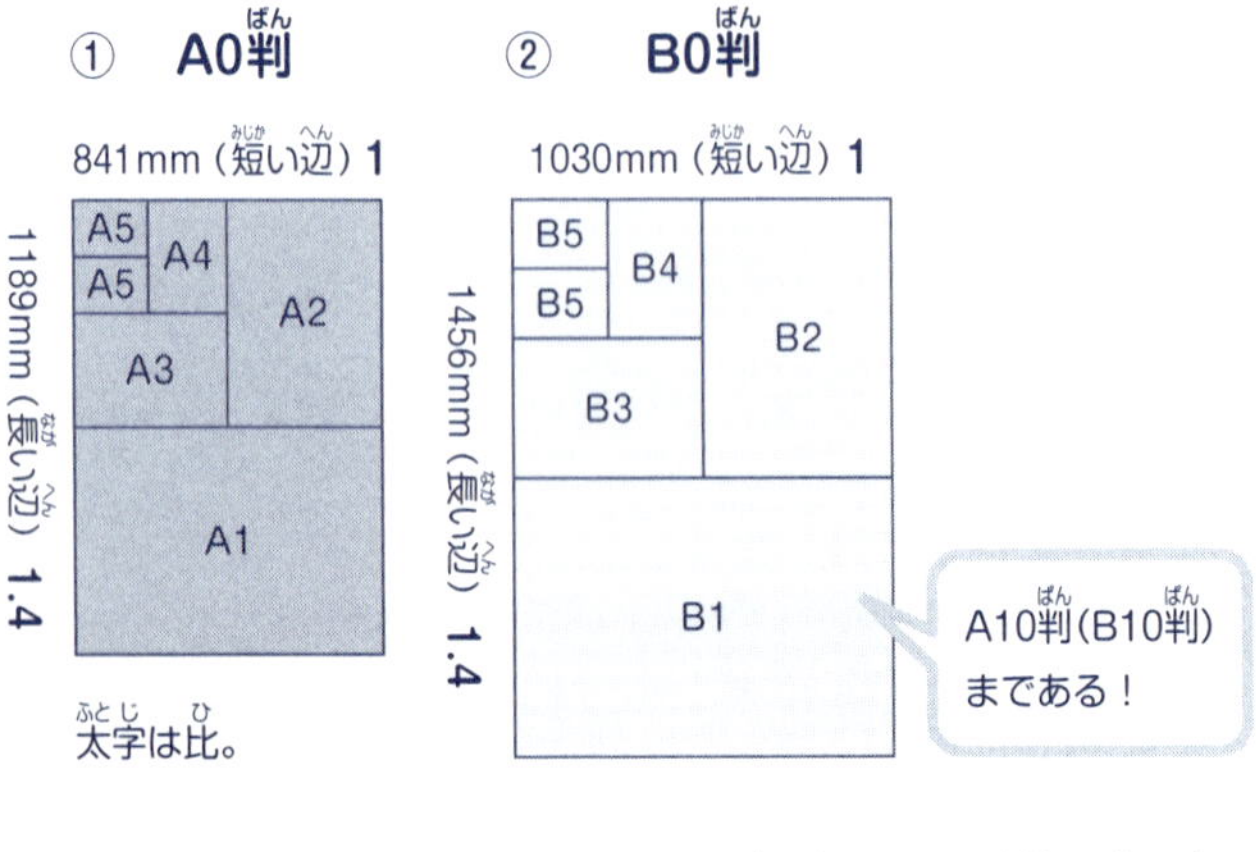

※コピー用紙《ようし》にはB判《ばん》という規格《きかく》もあり、A判《ばん》と同《おな》じような関係《かんけい》が成《な》り立《た》つ（②）。

★★★★　★★★★

草木《くさき》もねむる丑三《うしみ》つ時《どき》

あなたが答《こた》えると、とびらが音《おと》をたててゆっくりと開《ひら》きました。すると、中《なか》から地底《ちてい》の女神《めがみ》があらわれ、「まだ終《お》わってはおらぬぞ…」と言《い》いました。

◆問題《もんだい》◆

怪談《かいだん》（こわい話《はなし》）では、「草木《くさき》もねむる丑三《うしみ》つ時《どき》」という表現《ひょうげん》が使《つか》われることがあります。“丑三《うしみ》つ時《どき》”は現代《げんだい》のある時刻《じこく》を示《しめ》していますが、何時《なんじ》から何時《なんじ》のことでしょう？

◆ヒント◆

- 江戸時代《えどじだい》では1日《にち》の時刻《じこく》を、十二支《じゅうにし》に登場《とうじょう》する動物《どうぶつ》※と数《かず》の組《く》み合《あ》わせであらわした。
- 「辰《たつ》の刻《こく》」は、午前《ごぜん》7～9時《じ》。
- 「四《よっ》つ」で一刻《いっこく》。

※登場《とうじょう》する順番《じゅんばん》は、十二支《じゅうにし》と同《おな》じ。

天《てん》の声《こえ》：情報《じょうほう》を整理《せいり》するのじゃ！

←答《こた》えは次《つぎ》のページ！

午前《ごぜん》2時《じ》〜2時《じ》30分《ぷん》

十二支《じゅうにし》に登場《とうじょう》する動物《どうぶつ》は、子《ね》、丑《うし》、寅《とら》、卯《う》、辰《たつ》、巳《み》、午《うま》、未《ひつじ》、申《さる》、酉《とり》、戌《いぬ》、亥《い》の12種類《しゅるい》なので、ひとつの刻《こく》（一刻《いっこく》）は2時間《じかん》です。また、「辰《たつ》の刻《こく》」が午前《ごぜん》7〜9時《じ》なので、最初《さいしょ》の「子《ね》の刻《こく》」は午後《ごご》11時《じ》〜午前《ごぜん》1時《じ》、次《つぎ》の「丑《うし》の刻《こく》」は午前《ごぜん》1時《じ》〜午前《ごぜん》3時《じ》であることがわかります（下図《かず》）。

そして、「四《よっ》つ」で一刻《いっこく》というヒントから、「一《ひと》つ」は2時間《じかん》の$\frac{1}{4}$である30分《ぷん》とわかります。つまり丑三《うしみ》つとは、午前《ごぜん》2時《じ》〜2時《じ》30分《ぷん》のことを示《しめ》しているのです※。

◆江戸時代《えどじだい》の時刻《じこく》のあらわし方《かた》

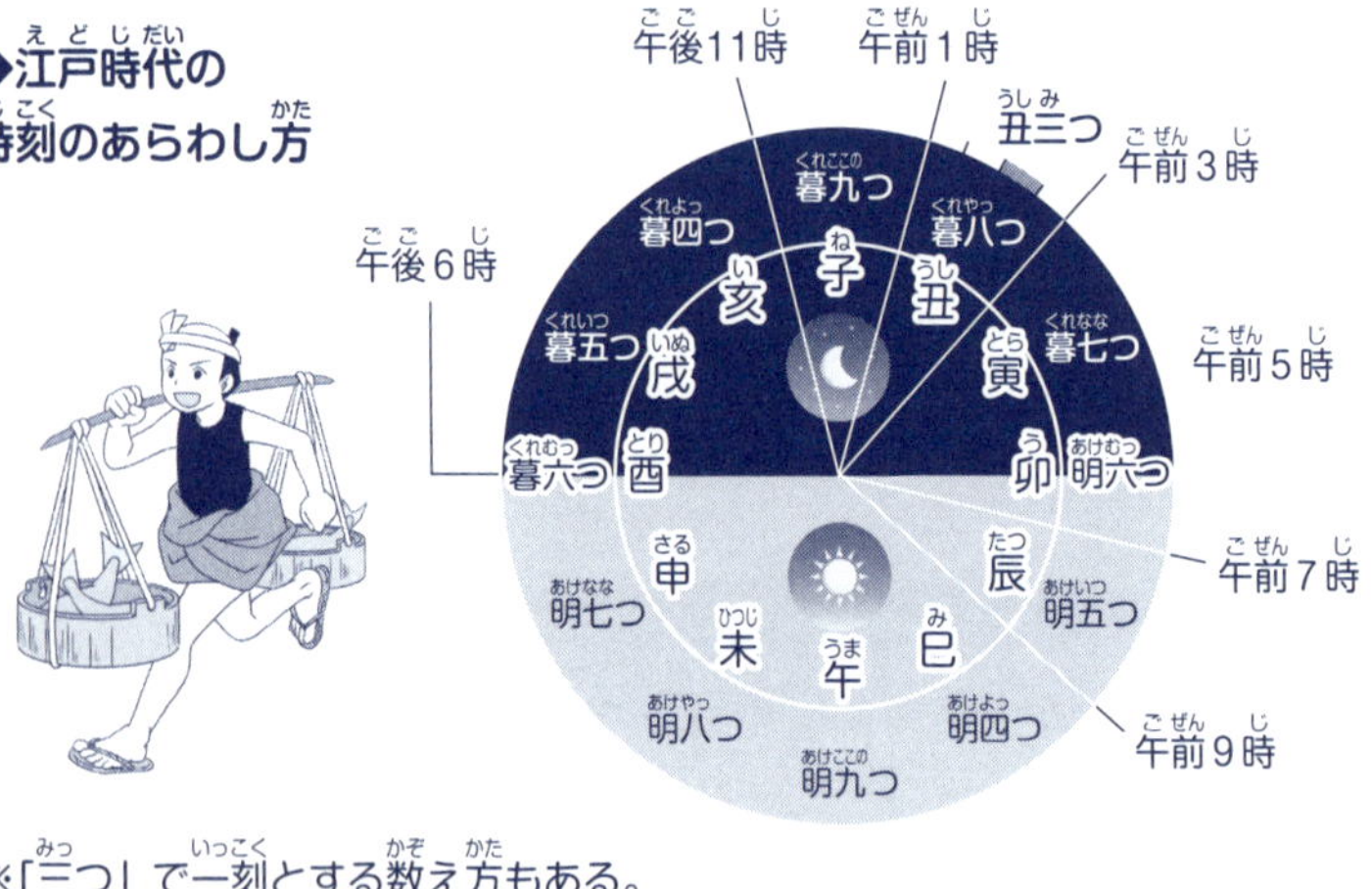

※「三《みっ》つ」で一刻《いっこく》とする数《かぞ》え方《かた》もある。

★★★★ クエスチョン 43 Question ★★★★

その指輪《ゆびわ》はホンモノ？

「では、最後《さいご》の問題《もんだい》だ。ここに指輪《ゆびわ》AとBがある。2つのうち1つは金《きん》でできているが、それはどちらか？　ヒントをもとに考《かんが》えてみよ…」

◆ヒント◆

❶縦《たて》・横《よこ》・高《たか》さがそれぞれ5センチメートルの、水《みず》をはった容器《ようき》にAとBを入《い》れたら、Aでは水面《すいめん》が5ミリメートル、Bでは水面《すいめん》が1ミリメートル上《あ》がった。

❷重《おも》さを量《はか》ったら、Aは131.25グラム、Bは48.25グラムだった。

❸1立方《りっぽう》センチメートルあたりの金《きん》の重《おも》さは、約《やく》19.3グラム。

天《てん》の声《こえ》：1立方《りっぽう》センチメートルあたりの重《おも》さを求《もと》めれば…

←答《こた》えは次《つぎ》のページ！

Bの指輪《ゆびわ》

ヒント❸から、1立方《りっぽう》センチメートルあたりの金《きん》の重《おも》さがわかっているので、AとBの1立方《りっぽう》センチメートルあたりの重《おも》さを求《もと》めれば、正解《せいかい》がわかります。

1立方《りっぽう》センチメートルあたりの重《おも》さを求《もと》めるには、それぞれの重《おも》さを体積《たいせき》で割《わ》ります。

ヒント❶から、容器《ようき》の高《たか》さ1センチメートルあたりの水《みず》の体積《たいせき》は、25立方《りっぽう》センチメートルです（5×5×1＝25）。

Aでは、水面《すいめん》が5ミリメートル（0.5センチメートル）上《あ》がったので、Aの体積《たいせき》は12.5立方《りっぽう》センチメートル(25×0.5=12.5)と求《もと》められます。同《おな》じように、Bの体積《たいせき》は2.5立方《りっぽう》センチメートルと求《もと》められます（25×0.1＝2.5）。

この結果《けっか》とヒント❷から、Aの1立方《りっぽう》センチメートルあたりの重《おも》さは10.5グラム(131.25÷12.5=10.5)、Bのそれは19.3グラム（48.25÷2.5=19.3）となり、正解《せいかい》はBの指輪《ゆびわ》とわかります。

★★★★

★★★★

うるう年《どし》

あなたが問題《もんだい》に答《こた》えると、地底《ちてい》の女神《めがみ》はほほ笑《え》んで、こう言《い》いました。

「あなたの力《ちから》がわかりました。次《つぎ》の問題《もんだい》が解《と》けたら、魔法力《まほうりょく》を授《さず》けましょう…」

◆問題《もんだい》◆

カレンダーは、数年《すうねん》おきに、日付《ひづけ》や曜日《ようび》がまったく同《おな》じ並《なら》びになります。では、次《つぎ》に2024年《ねん》と同《おな》じ並《なら》びになるのは西暦何年《せいれきなんねん》でしょう？

天《てん》の声《こえ》：2024年《ねん》は、4年《ねん》に一度《いちど》やってくる「うるう年《どし》」じゃ！

←答《こた》えは次《つぎ》のページ！

2052年《ねん》

1年《ねん》は365日《にち》ですが、4年《ねん》に一度《いちど》やってくる「うるう年《どし》」のときだけ、366日《にち》となります※。

もし、うるう年《どし》がなければ、カレンダーは1年《ねん》ごとに、日《ひ》付《づけ》や曜日《ようび》の並《なら》びが1つずれます。たとえば、2025年《ねん》の1月《がつ》1日《ついたち》は水曜日《すいようび》、2026年《ねん》の1月《がつ》1日《ついたち》は木曜日《もくようび》、といったようにです。

そして、1週間《しゅうかん》は7日《なのか》なので、7年《ねん》経《た》てばカレンダーは同《おな》じ並《なら》びにもどります。

うるう年《どし》がある場合《ばあい》、4年《ねん》に一度《いちど》1日《にち》ふえます。つまり、あるうるう年《どし》から28年《ねん》経《た》つと7日《なのか》ふえるので、カレンダーは同《おな》じ並《なら》びにもどります。

よって、2024年《ねん》から28年後《ねんご》の「2052年《ねん》」が答《こた》えとなります。

※4で割《わ》り切《き》れる年《とし》がうるう年《どし》となる。ただし、100で割《わ》り切《き》れて、400で割《わ》り切《き》れない年《とし》は、うるう年《どし》とはならない。

1リットル入《はい》っていない？ 牛乳《ぎゅうにゅう》パックのなぞ

1リットルの牛乳《ぎゅうにゅう》パックのサイズを測《はか》ると、縦《たて》7センチメートル、横《よこ》7センチメートル、高《たか》さ19.4センチメートル（てっぺんの三角部分《さんかくぶぶん》は除《のぞ》く）ほどです。ここから、牛乳《ぎゅうにゅう》パックの体積《たいせき》は「7×7×19.4=950.6」で、950.6立方《りっぽう》センチメートルであるとわかります。

一方《いっぽう》、1リットルの牛乳《ぎゅうにゅう》の体《たい》積《せき》は「10×10×10=1000」で、1000立方《りっぽう》センチメートルです。なぜ、牛乳《ぎゅうにゅう》パックの体積《たいせき》と、牛乳《ぎゅうにゅう》の体積《たいせき》が同《おな》じではないのでしょうか。牛乳《ぎゅうにゅう》は1リットル入《はい》っていないのでしょうか。

いえいえ、空《から》の牛乳《ぎゅうにゅう》パックに水《みず》を入《い》れるとわかりますが、牛《ぎゅう》乳《にゅう》パックは牛乳《ぎゅうにゅう》（水《みず》）の重《おも》さで、わずかに外側《そとがわ》にふくらみます。これにより、パックの体積《たいせき》が1000立方《りっぽう》センチメートルぴったりでなくても、1リットルの牛乳《ぎゅうにゅう》が入《はい》るというわけです。

ちなみに、沖縄県《おきなわけん》で売《う》られている主《おも》な牛乳《ぎゅうにゅう》は、946ミリリットル（1/4ガロン）です。これは、かつて沖縄《おきなわ》がアメリカに統治《とうち》されていた時代《じだい》に、アメリカの体積《たいせき》の単位《たんい》である「ガロン」（米《べい》ガロン）が使《つか》われていたなごりです。

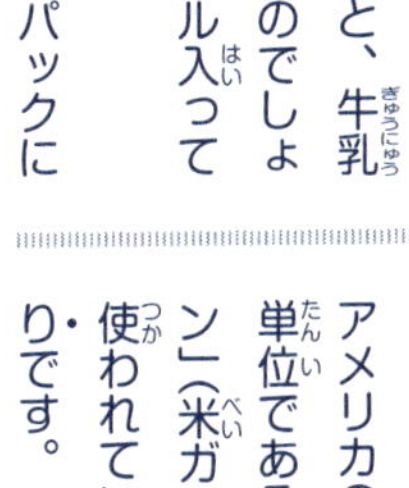

ステージ

4

難関《なんかん》！

ラスボスクイズ

あなたは、ついにボスのいる城《しろ》へとやってきました。ここに来《く》るまでにきたえた算数力《さんすうりょく》で、世界《せかい》に平和《へいわ》を取《と》りもどしましょう！

★クリアの条件《じょうけん》★

正解《せいかい》が15問以上《もんいじょう》…ステージクリア！

6〜14問《もん》…もう一度《いちど》ちょうせんじゃ

5問以下《もんいか》…修行《しゅぎょう》が足《た》りん！

（前《まえ》のステージにもどるのじゃ）

★★★★  ★★★★

落《お》ちないふた

ボスの城《しろ》に入《はい》ると、ろうかの真《ま》ん中《なか》に３個《こ》の穴《あな》があいていました。穴《あな》の上《うえ》には、穴《あな》と同《おな》じ形《かたち》・大《おお》きさの、とうめいなふたが置《お》いてあります。

①長方形《ちょうほうけい》　②円《えん》　③正三角形《せいさんかっけい》

これらのふたのうち、位置《いち》や向《む》きがずれても穴《あな》の中《なか》に落《お》ちないものがあります。いったい、どれでしょう？　なお、答《こた》えは１つだけです。

天《てん》の声《こえ》：街中《まちなか》にも、似《に》たようなものが…

←答《こた》えは次《つぎ》のページ！

②円《えん》

円《えん》の直径《ちょっけい》は、どこから測《はか》っても同《おな》じ長《なが》さです。回転《かいてん》させてもはばがかわらないので、どんなに位置《いち》や向《む》きをかえても、ふたが穴《あな》の中《なか》に落《お》ちることはありません※。

このような図形《ずけい》を「定幅図形《ていふくずけい》」といいます。数学者《すうがくしゃ》たちは、古《ふる》くから円《えん》以外《いがい》の定幅図形《ていふくずけい》について考《かんが》えてきました。その結果《けっか》、いくつかの定幅図形《ていふくずけい》が見《み》つかっています。

最《もっと》も有名《ゆうめい》なのは「ルーローの三《さん》角形《かっけい》」でしょう。ドイツの機械工《きかいこう》学者《がくしゃ》フランツ・ルーローが考《かんが》えたことから、その名《な》がついています。

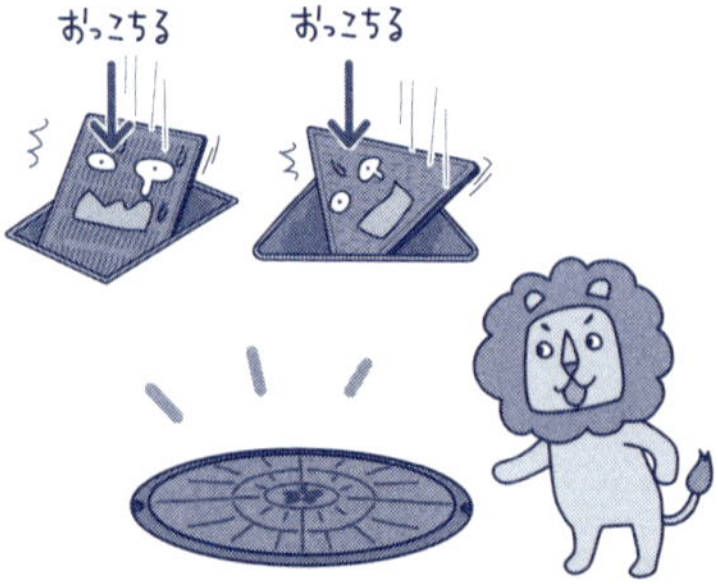

長方形《ちょうほうけい》は対角線《たいかくせん》より辺《へん》の長《なが》さが、正三角形《せいさんかっけい》は辺《へん》の長《なが》さより高《たか》さが短《みじか》いので、位置《いち》や向《む》きによっては、ふたは穴《あな》の中《なか》に落《お》ちる。

ルーローの三角形《さんかっけい》

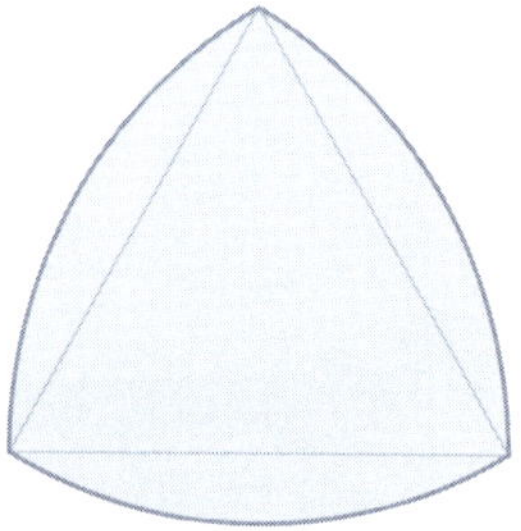

※街中《まちなか》にあるマンホールのふたが丸《まる》いのも、同《おな》じ理由《りゆう》。

★★★★  ★★★★

つつのヒミツ

あなたが城《しろ》のろうかを歩《ある》いていると、コウモリが寄《よ》ってきて言《い》いました。

「ヒヒヒ、次《つぎ》の図形《ずけい》のうち、飛行機《ひこうき》のかべ（内装《ないそう》のかべ）の中《なか》にかくれているのはどれだ…？　答《こた》えられなかったら、お前《まえ》を食《た》べちまうぞ！」

①円《えん》　②正三角形《せいさんかっけい》　③正六角形《せいろっかっけい》

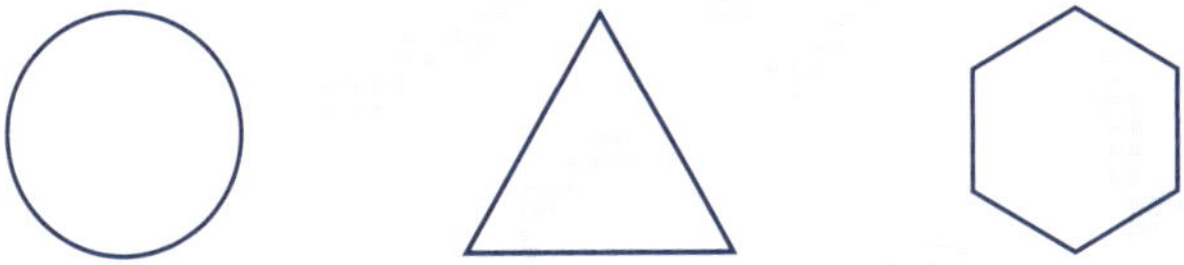

天《てん》の声《こえ》：この断面《だんめん》をもつつつが、一面《いちめん》に並《なら》んでいるのじゃ…

←答《こた》えは次《つぎ》のページ！

③正六角形《せいろっかっけい》

飛行機《ひこうき》の内装《ないそう》のかべの中《なか》には、正六角形《せいろっかっけい》の断面《だんめん》をもつつつが並《なら》んでいます…①。

このような構造《こうぞう》を「ハニカム構造《こうぞう》」といいます。ハニカム構造《こうぞう》には、軽《かる》くつくれる、空気《くうき》の層《そう》があることで音《おと》や熱《ねつ》を伝《つた》えにくいなどのメリットがあります。

では、なぜ三角形《さんかっけい》や四角形《しかっけい》ではないのでしょう。正六角《せいろっかっ》形《けい》はこれらよりも、図中《ずちゅう》の矢《や》印《じるし》の方向《ほうこう》からかかる力《ちから》に強《つよ》いためです。円《えん》は正六角形《せいろっかっけい》と同《おな》じくらい強《つよ》いですが、並《なら》べたときにすき間《ま》ができて余計《よけい》に材料《ざいりょう》が必要《ひつよう》となるため、正六《せいろっ》角形《かっけい》が使《つか》われます…②。

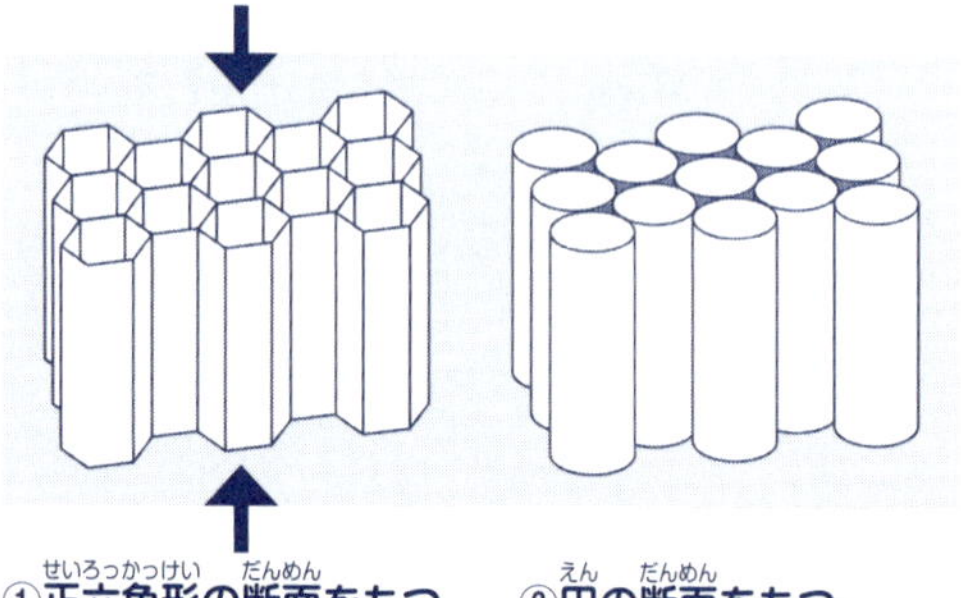

①正六角形《せいろっかっけい》の断面《だんめん》をもつつつが並《なら》ぶハニカム構造《こうぞう》

すき間《ま》ができないので、材料《ざいりょう》が最小限《さいしょうげん》ですむ。

②円《えん》の断面《だんめん》をもつつつを並《なら》べると…

強度《きょうど》はあるが、すき間《ま》ができ、材料《ざいりょう》にむだが生《しょう》じる。

★★★★  ★★★★

トーナメント戦《せん》

ふたたび歩《ある》きはじめると、年《とし》老《お》いたうらない師《し》が目《め》の前《まえ》にドロンとあらわれて言《い》いました。「次《つぎ》の問題《もんだい》に正解《せいかい》しないと天井《てんじょう》が落《お》ちてきて、お前《まえ》はつぶされてしまうらしい…」

◆問題《もんだい》◆

今《いま》、勝《か》ちぬきで優勝校《ゆうしょうこう》を決《き》める『トーナメント方式《ほうしき》』で、野球《やきゅう》の試合《しあい》が行《おこな》われています。出場校《しゅつじょうこう》は全部《ぜんぶ》で128校《こう》で、１校《こう》だけが優勝《ゆうしょう》します。この大会《たいかい》の全試合数《ぜんしあいすう》は？

天《てん》の声《こえ》：シード校《こう》は、ないものとするのじゃ！

←答《こた》えは次《つぎ》のページ！

127試合《しあい》

1回戦《かいせん》は「128÷2=64」で64試合《しあい》、2回戦《かいせん》は「64÷2=32」で32試合《しあい》…などと足《た》し合《あ》わせていってもいいですが、次《つぎ》のように考《かんが》えると早《はや》く解《と》けます。

トーナメント方式《ほうしき》では、優勝校《ゆうしょうこう》以外《いがい》のすべての学校《がっこう》が1敗《ぱい》します。これは、たとえば出場校《しゅつじょうこう》が全部《ぜんぶ》で4校《こう》のトーナメントでは3試合《しあい》が、出場校《しゅつじょうこう》が全部《ぜんぶ》で16校《こう》のトーナメントでは15試合《しあい》が行《おこな》われると考《かんが》えると、理解《りかい》しやすいはずです。

よって、128から1を引《ひ》いた「127」が答《こた》えとなります。

全《ぜん》16校《こう》のトーナメントの場合《ばあい》

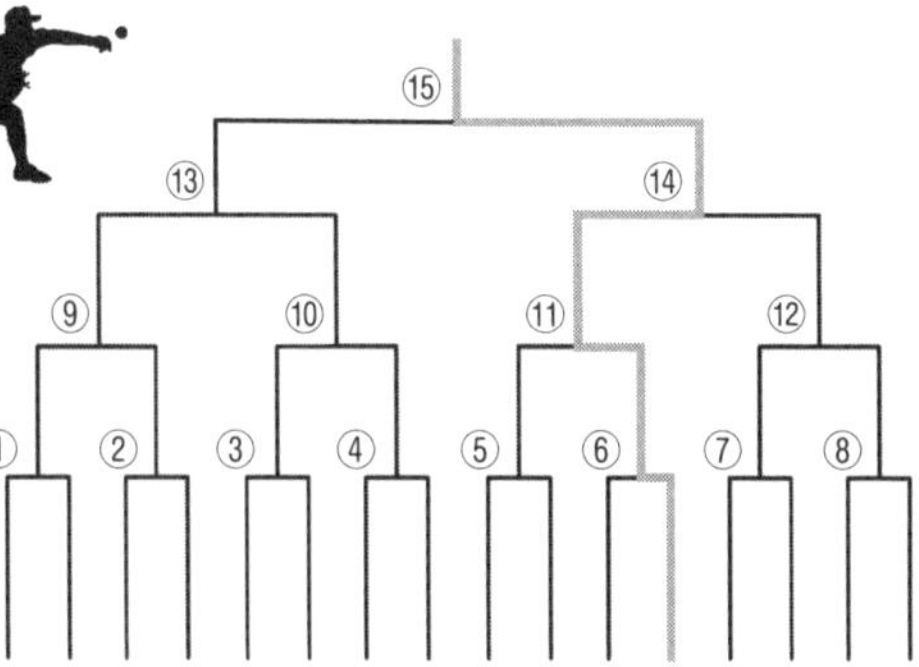

★★★★ クエスチョン 48 Question ★★★★

ボールの組《く》み合《あ》わせ

うらない師《し》の姿《すがた》がフッ…と消《き》えると、ろうかの天井《てんじょう》がゆっくりと下《さ》がってきました。「話《はなし》がちがうじゃないか！」とあなたが言《い》うと、「次《つぎ》の問題《もんだい》が解《と》けたら助《たす》かるかもね、ヒヒヒ…」と声《こえ》だけが聞《き》こえてきました。

◆問題《もんだい》◆

A君《くん》は赤色《あかいろ》と青色《あおいろ》と茶色《ちゃいろ》と白色《しろいろ》のボールを、B君《くん》は黄色《きいろ》と赤色《あかいろ》と紫色《むらさきいろ》と青色《あおいろ》のボールを持《も》っています。ふたりが1個《こ》ずつボールを出《だ》しあい、色《いろ》の組《く》み合《あ》わせ（例《れい》：赤《あか》・黄《き》）をつくる場合《ばあい》、全部《ぜんぶ》で何通《なんとお》りできるでしょう？　ただし、色《いろ》の順番《じゅんばん》は考《かんが》えないものとします。

天《てん》の声《こえ》：色《いろ》の順番《じゅんばん》は考《かんが》えないというのが、ポイントじゃ！

←答《こた》えは次《つぎ》のページ！

15通《とお》り

A君《くん》が持《も》っているボールをもとに考《かんが》えてみましょう。

まず、赤色《あかいろ》でできる組《く》み合《あ》わせは「赤《あか》・黄《き》」「赤《あか》・赤《あか》」「赤《あか》・紫《むらさき》」「赤《あか》・青《あお》」です。青色《あおいろ》でできる組《く》み合《あ》わせは「青《あお》・黄《き》」「青《あお》・赤《あか》」「青《あお》・紫《むらさき》」「青《あお》・青《あお》」です。同《おな》じように、茶色《ちゃいろ》でできる組《く》み合《あ》わせと、白色《しろいろ》でできる組《く》み合《あ》わせをあわせてまとめると、下《した》の表《ひょう》のようになります。

問題文《もんだいぶん》に「色《いろ》の順番《じゅんばん》は考《かんが》えない」とあるので、表《ひょう》にグレーで示《しめ》した組《く》み合《あ》わせを除《のぞ》くと、「15通《とお》り」と答《こた》えが求《もと》められます。

◆ボールの色《いろ》のすべての組《く》み合《あ》わせ

(B君《くん》のボール)

(A君《くん》のボール)	黄色《きいろ》	赤色《あかいろ》	紫色《むらさきいろ》	青色《あおいろ》
赤色《あかいろ》	赤《あか》・黄《き》	赤《あか》・赤《あか》	赤《あか》・紫《むらさき》	赤《あか》・青《あお》
青色《あおいろ》	青《あお》・黄《き》	青《あお》・赤《あか》	青《あお》・紫《むらさき》	青《あお》・青《あお》
茶色《ちゃいろ》	茶《ちゃ》・黄《き》	茶《ちゃ》・赤《あか》	茶《ちゃ》・紫《むらさき》	茶《ちゃ》・青《あお》
白色《しろいろ》	白《しろ》・黄《き》	白《しろ》・赤《あか》	白《しろ》・紫《むらさき》	白《しろ》・青《あお》

★★★★

クエスチョン
49
Question

★★★★

出《で》やすい目《め》の合計《ごうけい》

次《つぎ》の瞬間《しゅんかん》ろうかの床《ゆか》がぬけて、あなたは出口《でぐち》のない部屋《へや》に落《お》とされてしまいました。痛《いた》む体《からだ》をさすっていると、おしりの下《した》に２個《こ》のサイコロがあるのを発見《はっけん》しました。

◆問題《もんだい》◆

サイコロ２個《こ》を同時《どうじ》にふったとき、最《もっと》もよく出《で》る目《め》の合計《ごうけい》はいくつでしょう？

天《てん》の声《こえ》：サイコロは2個《こ》ある…

←答《こた》えは次《つぎ》のページ！

7

すべてのパターンを書《か》きだしていくと、合計《ごうけい》が6になる目《め》の組《く》み合《あ》わせと、合計《ごうけい》が7になる目《め》の組《く》み合《あ》わせが、最《もっと》も多《おお》いことがわかるはずです。

合計《ごうけい》が6になる目《め》の組《く》み合《あ》わせは「1と5」「2と4」「3と3」、合計《ごうけい》が7になる目《め》の組《く》み合《あ》わせは「1と6」「2と5」「3と4」です。

これだけを見《み》ると、どちらも「3通《とお》り」ですが、ポイントはサイコロが2個《こ》あることです。

サイコロをA・Bとすると、3と3になる組《く》み合《あ》わせは1通《とお》りですが、そのほかは2通《とお》りずつあることがわかります（例《れい》：1と5になるのは「A…1／B…5」「A…5／B…1」）。

したがって、合計《ごうけい》が6になる目《め》の組《く》み合《あ》わせは5通《とお》り、合計《ごうけい》が7になる目《め》の組《く》み合《あ》わせは6通《とお》りとなり、7が正解《せいかい》となります。

王様《おうさま》は負《ま》けたくない

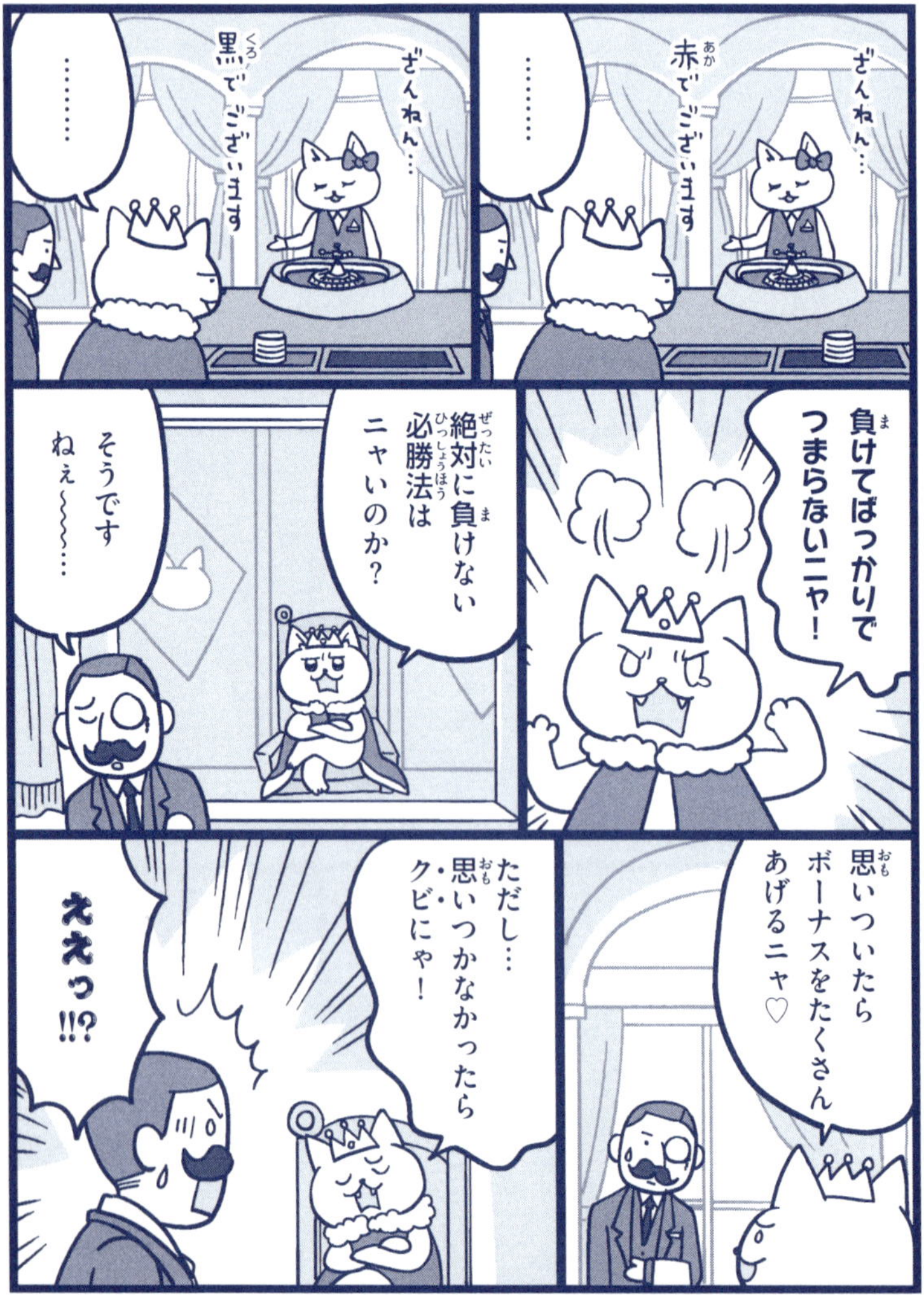
ざんねん…
赤《あか》でございます
………
ざんねん…
黒《くろ》でございます
………
負《ま》けてばっかりでつまらないニャ!
絶対《ぜったい》に負《ま》けない必勝法《ひっしょうほう》はニャいのか?
そうですねぇ〜〜〜……
思《おも》いついたらボーナスをたくさんあげるニャ♡
ただし…思《おも》いつかなかったらクビにゃ!
ええっ!!?

…では 最初《さいしょ》はコインを 1枚《まい》だけかけます
負《ま》けたら 次《つぎ》にその倍《ばい》の 2枚《まい》をかけます
負《ま》けたら 次《つぎ》はその倍《ばい》の4枚《まい》… さらに負《ま》けたら 次《つぎ》はその倍《ばい》の8枚《まい》… ということを勝《か》つまで つづけてください
?
こうすれば 勝《か》ったときに かけた枚数《まいすう》よりも 1枚多《まいおお》いコインが 必《かなら》ず得《え》られ ます
絶対《ぜったい》に 負《ま》けることは ありません！
本当《ほんとう》ニャのか？
?
はい 図《ず》で ご確認《かくにん》ください

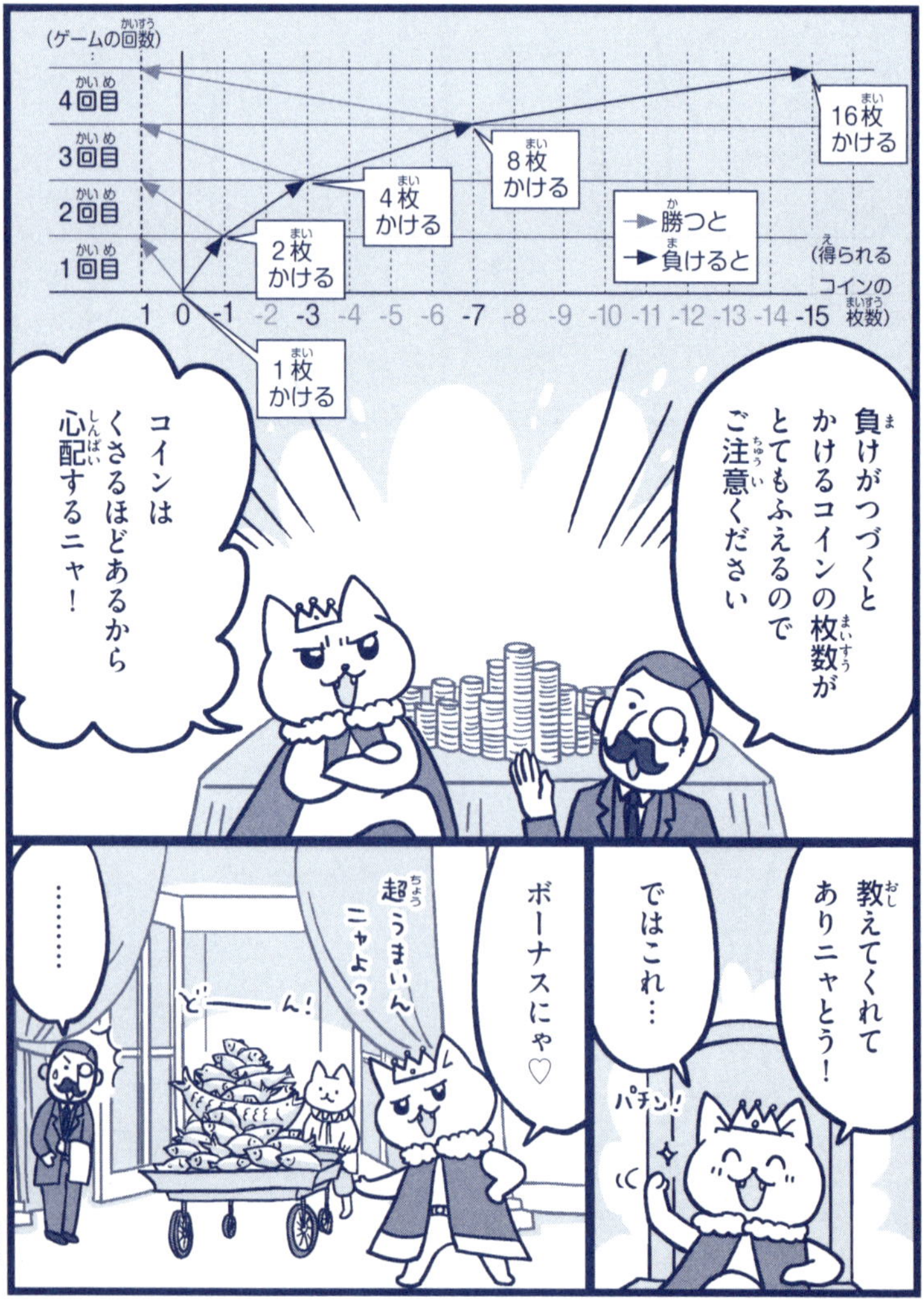

※例《れい》：2回目《かいめ》に2枚《まい》をかけ、勝《か》つと倍《ばい》の4枚《まい》のコインがもらえる。ただし、このうち2枚《まい》はかけた分《ぶん》。また、1回目《かいめ》のゲームで1枚《まい》失《うしな》っているので、全体《ぜんたい》としては（得《え》られるコインの枚数《まいすう》は）「1枚《まい》」となる。

★★★★  ★★★★

□に入《はい》る数字《すうじ》は？

あなたがサイコロを転《ころ》がしていると、サイコロは下《した》のような古《ふる》い紙《かみ》にかわりました。書《か》かれている文章《ぶんしょう》に矛盾《むじゅん》が生《しょう》じないようにするには、それぞれの□に、どんな数字《すうじ》を入《い》ればよいでしょう？

この紙《かみ》の上《うえ》には、
１という数字《すうじ》が□個《こ》、
２という数字《すうじ》が□個《こ》、
３という数字《すうじ》が□個《こ》、
１から３まで以外《いがい》の
数字《すうじ》が□個《こ》書《か》いて
ある。

天《てん》の声《こえ》：1から3まで以外《いがい》の…

←答《こた》えは次《つぎ》のページ！

(上《うえ》から) 4 1 3 1

数字《すうじ》を一《ひと》つひとつあてはめながら考《かんが》えていけば、いつかは必《かなら》ず解《と》けますが、頭《あたま》がこんがらがってしまうのではないでしょうか。正解《せいかい》への近道《ちかみち》は、4や5など、より大《おお》きな数字《すうじ》から考《かんが》えていくことです。

このような、ある文章《ぶんしょう》がその文章自体《ぶんしょうじたい》について述《の》べていることを「自己言及《じこげんきゅう》」といいます。下《した》にもう1問《もん》、自己言及《じこげんきゅう》の問題《もんだい》を用意《ようい》したので、ぜひチャレンジしてみてください（答《こた》えは124ページ下《した》）。

この紙《かみ》の上《うえ》には、
1という数字《すうじ》が□個《こ》、
2という数字《すうじ》が□個《こ》、
3という数字《すうじ》が□個《こ》、
4という数字《すうじ》が□個《こ》、
5という数字《すうじ》が□個《こ》、
書《か》いてある。

★★★★

★★★★

国語辞典《こくごじてん》の1億番目《おくばんめ》

あなたが問題《もんだい》に答《こた》えると、部屋《へや》のかべのすき間《ま》からガスが出《で》てきました。すると、魔法使《まほうつか》いがあわてて言《い》いました。

「まずい…次《つぎ》の問題《もんだい》に正解《せいかい》しないと、ねむってしまうわ！」

◆問題《もんだい》◆

1から100,000,000（1億《おく》）までの数字《すうじ》を、ひらがなで書《か》きます。「いち」「に」「さん」……「はちまんななせんごひゃく」……「いちおく」といった具合《ぐあい》です。

国語辞典《こくごじてん》のルールにしたがってこれらを並《なら》べたとき、先頭《せんとう》にくるのは「いち」です。では、1億番目《おくばんめ》にくるのは、何《なん》でしょう？

天《てん》の声《こえ》：1億番目《おくばんめ》とは、辞典《じてん》の最後《さいご》ということじゃ！

←答《こた》えは次《つぎ》のページ！

ろっぴゃく ろくじゅうろくまん ろっぴゃく ろくじゅうろく

(666万《まん》666)

辞典《じてん》の最《もっと》もうしろに並《なら》ぶのは、「6」に関係《かんけい》する数字《すうじ》のどれかであることがわかります。なぜなら、五十音順《ごじゅうおんじゅん》に並《なら》べたとき、終《お》わりに近《ちか》い「ろ」ではじまるからです。

一方《いっぽう》で、同《おな》じ「ろ」からはじまる数字《すうじ》でも、たとえば「ろくじゅうろく」「ろっぴゃくろくじゅうろく」のように、2つのパターンがあります。

国語辞典《こくごじてん》のルールでは「ろく」よりも「ろっ」のほうが登場《とうじょう》があとなので、「ろっぴゃくろくじゅうろくまんろっぴゃくろくじゅうろく」が答《こた》えとなります。

★122ページの答《こた》え…(上《うえ》から)3　2　3　1　1

★★★★  ★★★★

蚊取《かと》り線香《せんこう》タイマー

あなたが目《め》を覚《さ》ますと、そこは赤《あか》いじゅうたんがしかれた、大《おお》きな部屋《へや》の中《なか》でした。手足《てあし》をロープでしばられ、自由《じゆう》に動《うご》くことができません。すると、あなたの耳元《みみもと》で小《ちい》さな声《こえ》がしました。

「…ここに、1時間《じかん》で燃《も》えつきる蚊取《かと》り線香《せんこう》が2つある。これらだけを使《つか》って45分《ふん》を計《はか》るには、どうしたらいい？」

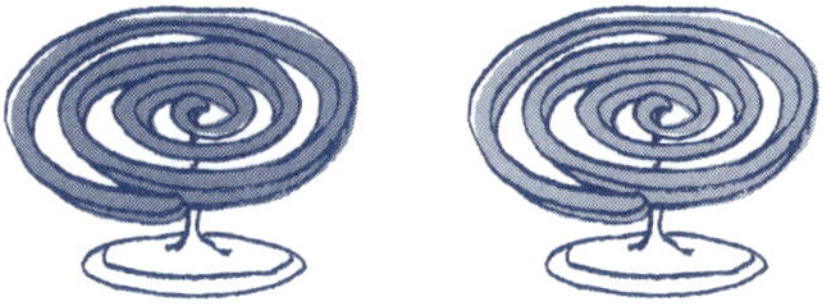

天《てん》の声《こえ》：2つを上手《じょうず》に使《つか》うと…

←答《こた》えは次《つぎ》のページ！

(下《した》の解説《かいせつ》を読《よ》むのじゃ)

蚊取《かと》り線香《せんこう》①と②に、同時《どうじ》に火《ひ》をつけます。このとき、①は両《りょう》はしに、②は一方《いっぽう》のはしに点火《てんか》します。すると、①は火《ひ》をつけてから30分後《ぷんご》に燃《も》えつきます。

ここで、②のもう一方《いっぽう》のはしに点火《てんか》します。②は、〝あと30分《ぷん》ぶん〟残《のこ》っているので、15分後《ふんご》に燃《も》えつきます。このとき、最初《さいしょ》から45分《ふん》が経過《けいか》したことになるので、45分《ふん》を計《はか》ることができました。

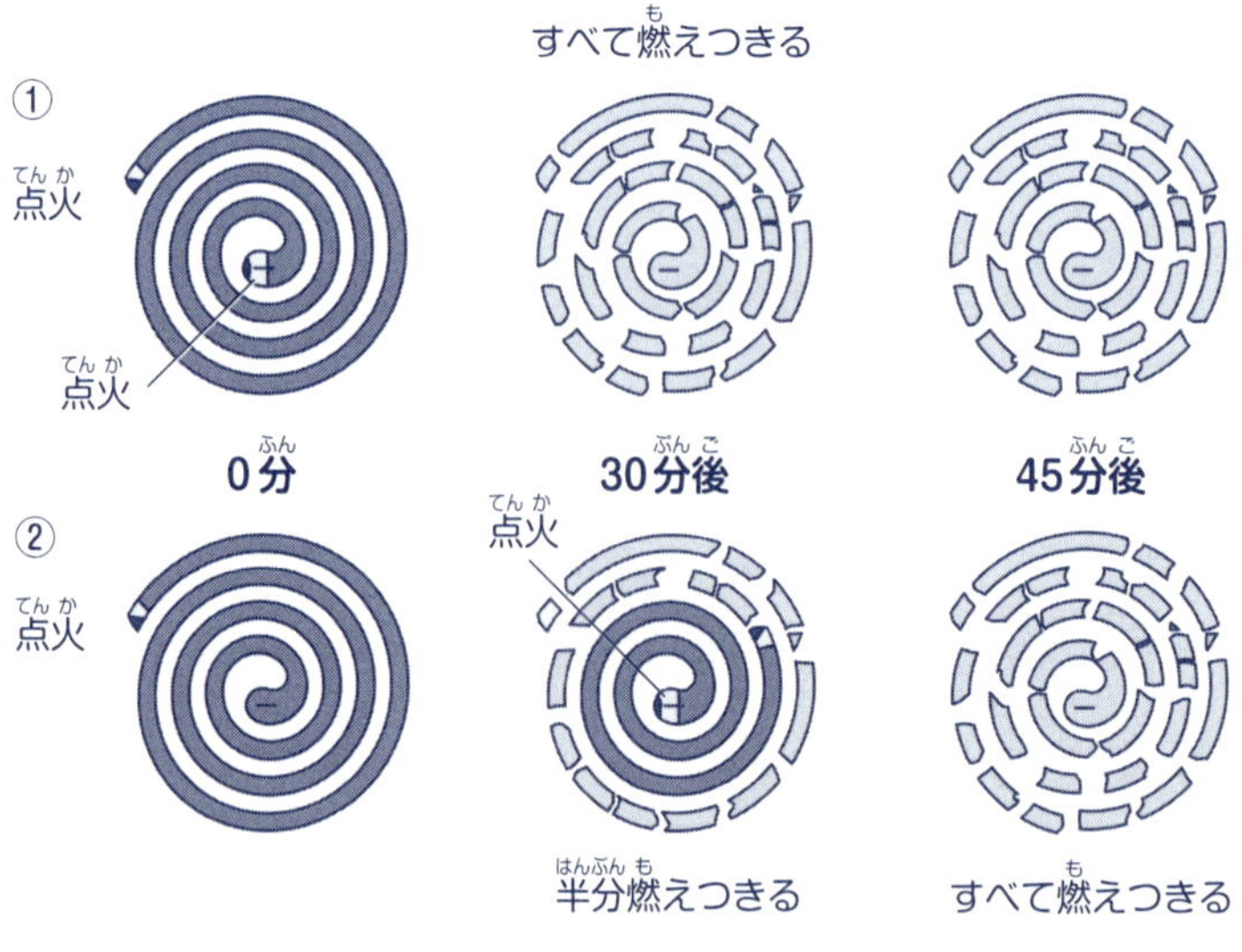

★★★★ クエスチョン 53 Question ★★★★

こえられないかべ

声《こえ》の主《ぬし》は、数《かず》と計算《けいさん》の塔《とう》で出《で》会《あ》ったヤモリの商人《しょうにん》でした。

ヤモリの商人《しょうにん》は、あなたのロープをほどきながら言《い》いました。

「この城《しろ》のかべをこえるの、大変《たいへん》だったんですよ？　かべは高《たか》さが10メートル、日中《にっちゅう》は3メートル登《のぼ》って、夜《よる》はねながら2メートルすべり落《お》ちましてね。つまり、1日《にち》1メートルずつ登《のぼ》ってきたわけですわ！」

ヤモリの商人《しょうにん》は、何日《なんにち》目《め》でかべをこえたでしょう？

天《てん》の声《こえ》：早《はや》とちりは、いかんぞ！

←答《こた》えは次《つぎ》のページ！

8日目《ようかめ》

1日《にち》1メートルかべを登《のぼ》ると聞《き》くと、直感的《ちょっかんてき》には「10日目《とおかめ》」と答《こた》えてしまいそうです。しかし、下図《かず》を見《み》るとわかるように、8日目《ようかめ》の朝《あさ》までに7メートルの地点《ちてん》に達《たっ》しているので、実際《じっさい》は8日目《ようかめ》の日中《にっちゅう》に乗《の》りこえられることになります。

ちょっと意地悪《いじわる》な、ひっかけ問題《もんだい》でした。

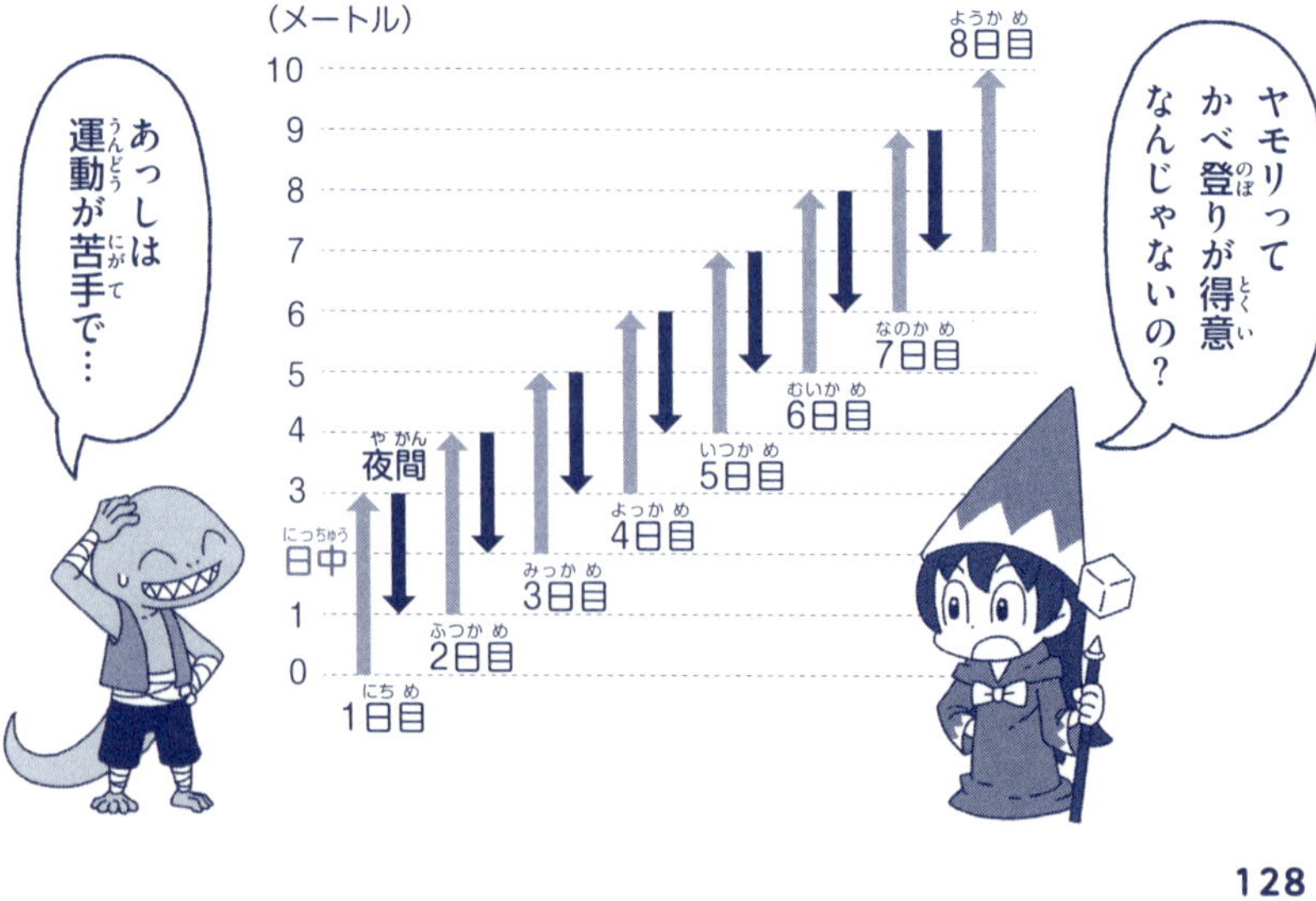

★★★★

★★★★

5分《ふん》と8分《ぷん》の砂時計《すなどけい》

あなたが立《た》ち上《あ》がろうとすると、数字《すうじ》の形《かたち》をしたモンスターたちが「いつの間《ま》にロープをほどいた、にがすか！」と言《い》って向《む》かってきました。問題《もんだい》を解《と》いて戦《たたか》いましょう！

◆問題《もんだい》◆

５分《ふん》を計《はか》ることができる砂時計《すなどけい》と、８分《ぷん》を計《はか》ることができる砂時計《すなどけい》があります。これらだけを使《つか》って９分《ふん》を計《はか》りたい場合《ばあい》、どうしたらいいでしょう？

天《てん》の声《こえ》：開始《かいし》から５分後《ふんご》に、時間《じかん》を計《はか》りはじめ…

←答《こた》えは次《つぎ》のページ！

（下《した》の解説《かいせつ》を読《よ》むのじゃ）

まず、2つの砂時計《すなどけい》をひっくりかえします…①。5分《ふん》の砂時計《すなどけい》の砂《すな》が落《お》ちきったら、それをふたたびひっくりかえします。時間《じかん》は、ここから計《はか》りはじめます…②。

その後《ご》、8分《ぶん》の砂時計《すなどけい》の砂《すな》がなくなったら、砂《すな》が落《お》ちきっていない5分《ふん》の砂時計《すなどけい》と一緒《いっしょ》にひっくりかえします…③。5分《ふん》の砂時計《すなどけい》の砂《すな》がすべて落《お》ちたら、砂《すな》が落《お》ちきっていない8分《ぶん》の砂時《すなど》計《けい》をひっくりかえします…④。

このとき、8分《ぶん》の砂時計《すなどけい》には3分《ふん》ぶんの砂《すな》が残《のこ》っているので、これが落《お》ちきると、9分《ふん》を計《はか》ることができます。

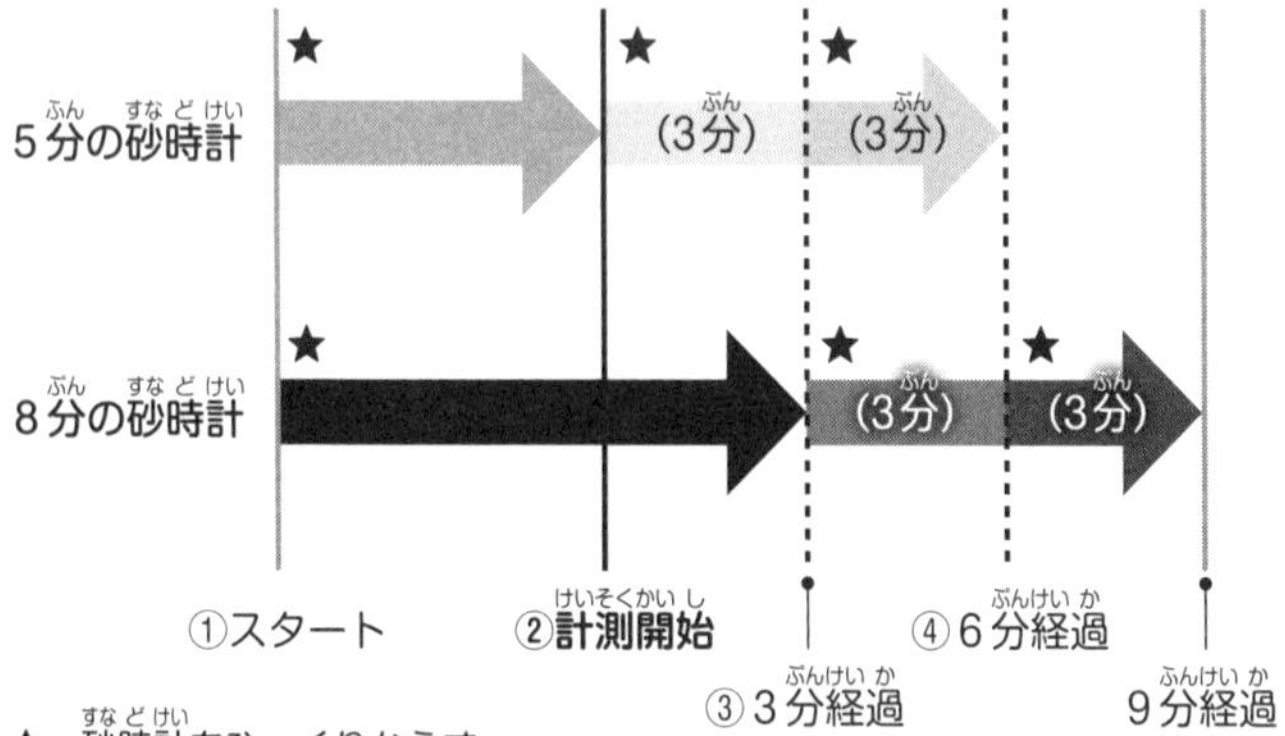

★…砂時計《すなどけい》をひっくりかえす

★★★★  ★★★★

モンスターの体重《たいじゅう》

数字《すうじ》のモンスターたちは仲間《なかま》をよびました。「こいつらを絶《ぜっ》対《たい》ににがすな！　ボスにばれたら、おこられる…！」

◆問題《もんだい》◆

Ａ～Ｆのモンスターがいます。ヒントをもとに、それぞれの体重《たいじゅう》を求《もと》めましょう。なお、体重《たいじゅう》は整数《せいすう》のみとします。

◆ヒント◆

❶Ａ～Ｆの合計体重《ごうけいたいじゅう》は1026キログラム。

❷ＡＢＣの合計体重《ごうけいたいじゅう》は414キログラム。ＡはＢより９キログラム重《おも》く、ＣはＡより９キログラム重《おも》い。

❸Ｅは、ＡＢＣどれかの1.5倍《ばい》の体重《たいじゅう》。

❹ＤはＡＢＣどれかと同《おな》じ体重《たいじゅう》、ＦはＢＣどちらかの２倍《ばい》の体重《たいじゅう》。

天《てん》の声《こえ》：奇数《きすう》を1.5倍《ばい》しても…！

←答《こた》えは次《つぎ》のページ！

A…138　B…129　C…147
D…147　E…207　F…258
（単位《たんい》はすべてキログラム：kg）

ヒント❷から、Aの体重《たいじゅう》は３体《たい》の平均値《へいきんち》である１３８キログラム（414÷3=138）、Bは１２９キログラム、Cは１４７キログラムとわかります。

また、ヒント❸から、Eは２０７キログラムとわかります※。これは、奇数《きすう》を1.5倍《ばい》しても整数《せいすう》にならないためです。

ここで、ヒント❶に示《しめ》されている６体《たい》の体重《たいじゅう》から、ABCEの体重《たいじゅう》を引《ひ》きます。すると、DFの合計体重《ごうけいたいじゅう》が４０５キログラムと求《もと》められます（1026−138−129−147−207=405）。

ヒント❹によれば、Dの体重《たいじゅう》はABCどれかと同《おな》じで、Fの体重《たいじゅう》はBCどちらかの２倍《ばい》です。これを満《み》たすのは、Dが１４７、Fが２５８のときだけです（これですべてが求《もと》められた）。

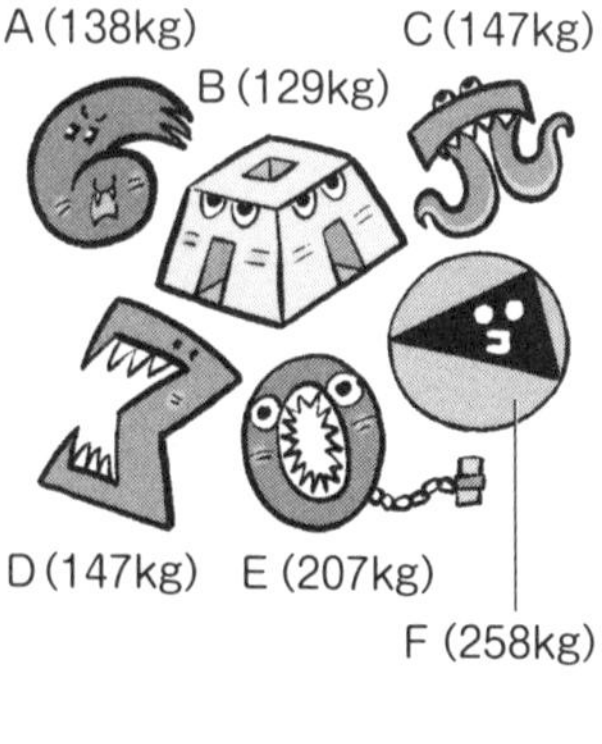

※Aの1.5倍《ばい》（偶数《ぐうすう》の体重《たいじゅう》はAだけ）。

★★★★

クエスチョン

56

Question

★★★★

なぞの数列《すうれつ》

「何《なに》をさわいでいる…」

あたりが静《しず》まりかえると、やみのおくから、声《こえ》の主《ぬし》がゆらりと出《で》てきました。あなたが「お前《まえ》がボスだな？」と聞《き》くと、声《こえ》の主《ぬし》は「左様《さよう》、ようこそわが城《しろ》へ…」と言《い》いました。

◆問題《もんだい》◆

下《した》の数字《すうじ》は、ある規則《きそく》にしたがって並《なら》んでいます。①～③には、どんな数字《すうじ》が入《はい》るでしょう？

1　1　2　3　5　8　13　21　34　55　89*　①　②　③　*610

天《てん》の声《こえ》：かけたり割《わ》ったり、足《た》したり引《ひ》いたりしてみるのじゃ！

←答《こた》えは次《つぎ》のページ！

①144 ②233 ③377

1、1、ではじまり、前《まえ》のふたつの数《かず》を足《た》すと次《つぎ》の数《かず》になるという規則《きそく》にしたがって一列《いちれつ》に並《なら》んだ数《かず》のことを「フィボナッチ数列《すうれつ》」といいます。フィボナッチとは、この数列《すうれつ》を発見《はっけん》した中世《ちゅうせい》イタリアの数学者《すうがくしゃ》、レオナルド・フィボナッチのことです。

　前《まえ》のふたつの数《かず》を足《た》すと次《つぎ》の数《かず》になるので、①は55と89を足《た》して144、②は89と144（①）を足《た》して233、③は144（①）と233（②）を足《た》して377と求《もと》められます。

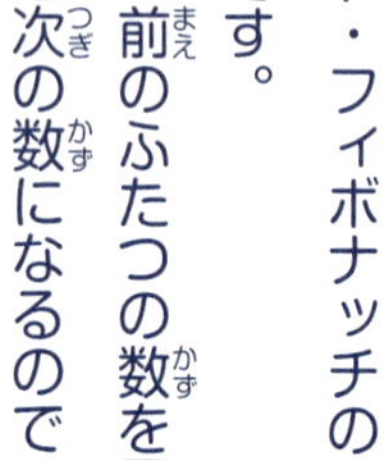

フィボナッチ

◆フィボナッチ数列《すうれつ》

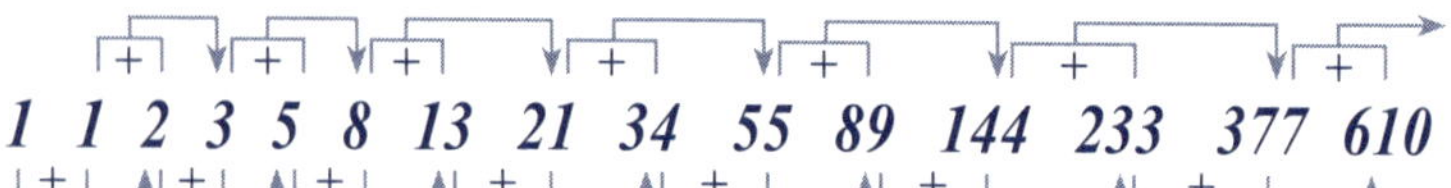

★★★★  ★★★★

三《み》つ子《ご》の容疑者《ようぎしゃ》

「やるではないか。では、次《つぎ》の問題《もんだい》だ…」

◆問題《もんだい》◆

ある日《ひ》、せっとう事件《じけん》がおきました。現在《げんざい》ある男《おとこ》がそうさ線上《せんじょう》にあがっていますが、なんと、ある男《おとこ》は三《み》つ子《ご》でした。三《み》つ子《ご》ＡＢＣは、取《と》り調《しら》べで次《つぎ》のように答《こた》えました。ただし、このうち２人《ふたり》はウソをついています。犯人《はんにん》は、だれでしょう？

◆取《と》り調《しら》べのメモ◆

Ａ「オレはやっていない」

Ｂ「Ｃは、やっていない」

Ｃ「オレがやった」

※犯人《はんにん》は１人《ひとり》。

天《てん》の声《こえ》：ＢとＣは、正反対《せいはんたい》のことを言《い》っているのぉ…

←答《こた》えは次《つぎ》のページ！

Aが犯人《はんにん》

BとCは正反対《せいはんたい》のことを言《い》っているので、どちらかがウソということになります。一方《いっぽう》で、問題文《もんだいぶん》には「このうち（3人《にん》のうち）2人《ふたり》はウソをついている」とあります。これらをあわせて考《かんが》えると、Aがウソをついているとわかります。

すると、Aの「オレはやっていない」という言葉《ことば》がウソになるので、Aが犯人《はんにん》とわかります。ちなみに、本当《ほんとう》のことを言《い》っているのはBです。

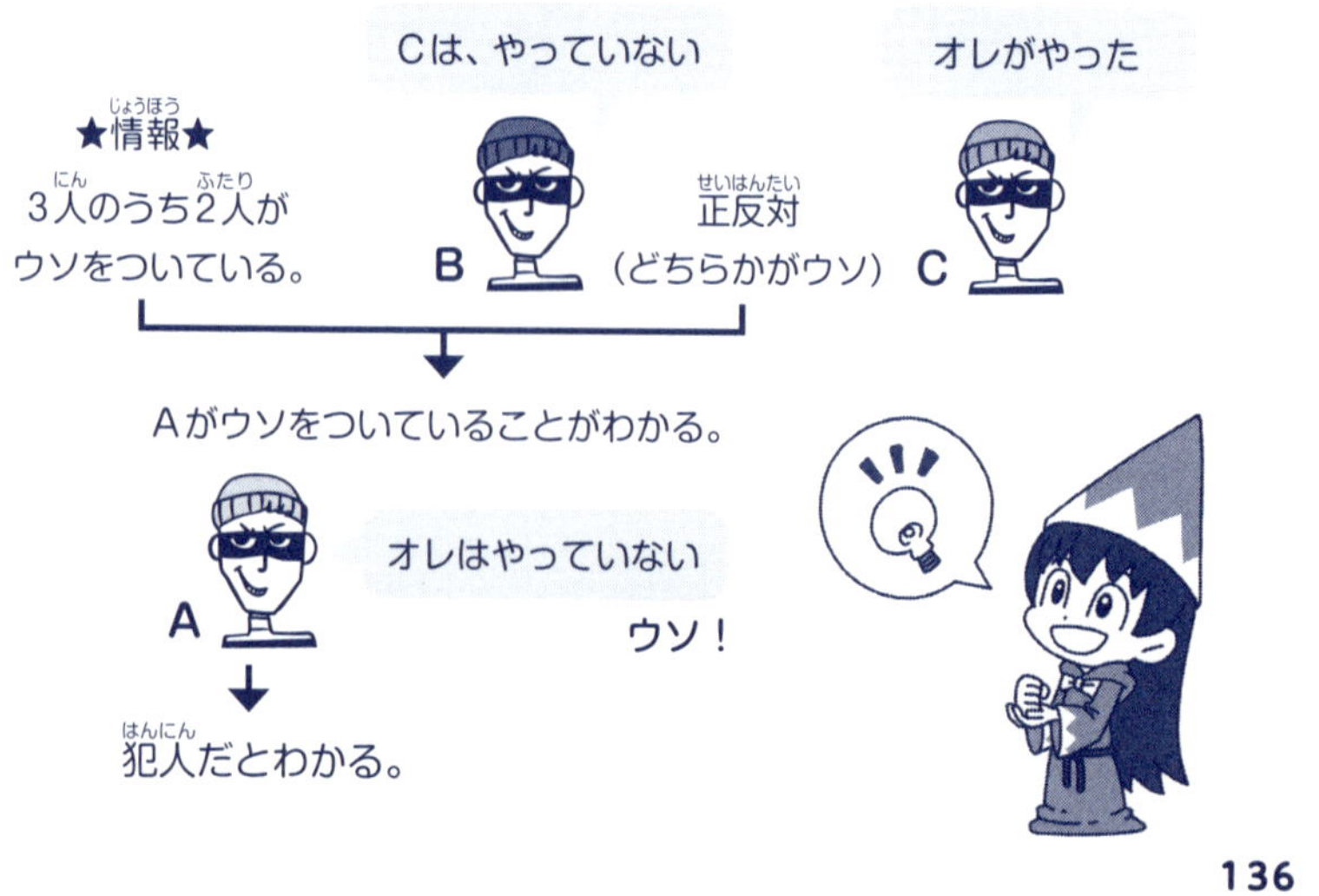
Cは、やっていない
オレがやった
★情報《じょうほう》★
3人《にん》のうち2人《ふたり》が
ウソをついている。
B
正反対《せいはんたい》
（どちらかがウソ）
C
Aがウソをついていることがわかる。
A
オレはやっていない
ウソ！
犯人《はんにん》だとわかる。

★★★★ クエスチョン 58 Question ★★★★

川《かわ》をわたりたい旅人《たびびと》

ボスは言《い》いました。「ぬぅ…では、これならどうだ？」

◆問題《もんだい》◆

旅人《たびびと》が川《かわ》をわたろうとしています。旅人《たびびと》は１そうのボートを使《つか》って何往復《なんおうふく》かすることで、すべての荷物《にもつ》（オオカミ、ヒツジ、キャベツ）を対岸《たいがん》にわたしたいと考《かんが》えています。どんな順番《じゅんばん》で、ボートに乗《の》せればいいでしょう？

条件《じょうけん》

- 旅人《たびびと》はオオカミ、ヒツジ、キャベツのうち、どれか１つしか一緒《いっしょ》に運《はこ》べない。
- 旅人《たびびと》がいなくなると、オオカミはヒツジを、ヒツジはキャベツを食《た》べてしまう。

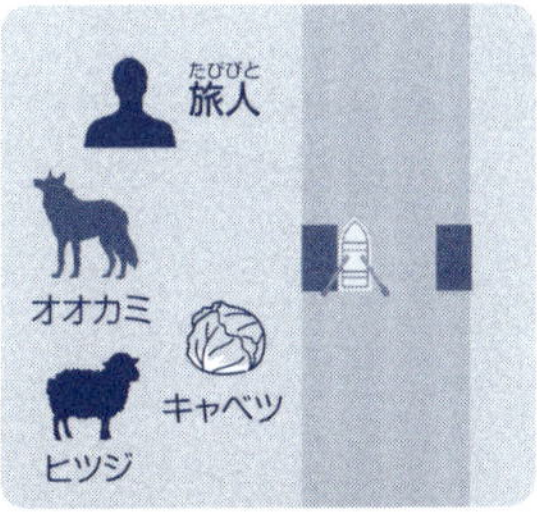

天《てん》の声《こえ》：まず、ヒツジと一緒《いっしょ》に…

←答《こた》えは次《つぎ》のページ！

（下《した》の解説《かいせつ》を読《よ》むのじゃ）

まず、旅人《たびびと》（旅）とヒツジ（羊）が対岸《たいがん》にわたります…①。対岸《たいがん》にヒツジを残《のこ》し、旅人《たびびと》がひとりでもどります…②。

次《つぎ》に、旅人《たびびと》とオオカミ（狼）が、対岸《たいがん》にわたります…③。オオカミを対岸《たいがん》に残《のこ》し、旅人《たびびと》とヒツジが一緒《いっしょ》にもどります…④。

そして旅人《たびびと》とキャベツ（キャ）が対岸《たいがん》にわたり（⑤）、旅人《たびびと》がひとりでもどったあと（⑥）、旅人《たびびと》とヒツジが対岸《たいがん》に一緒《いっしょ》にわたれば完了《かんりょう》です…⑦。

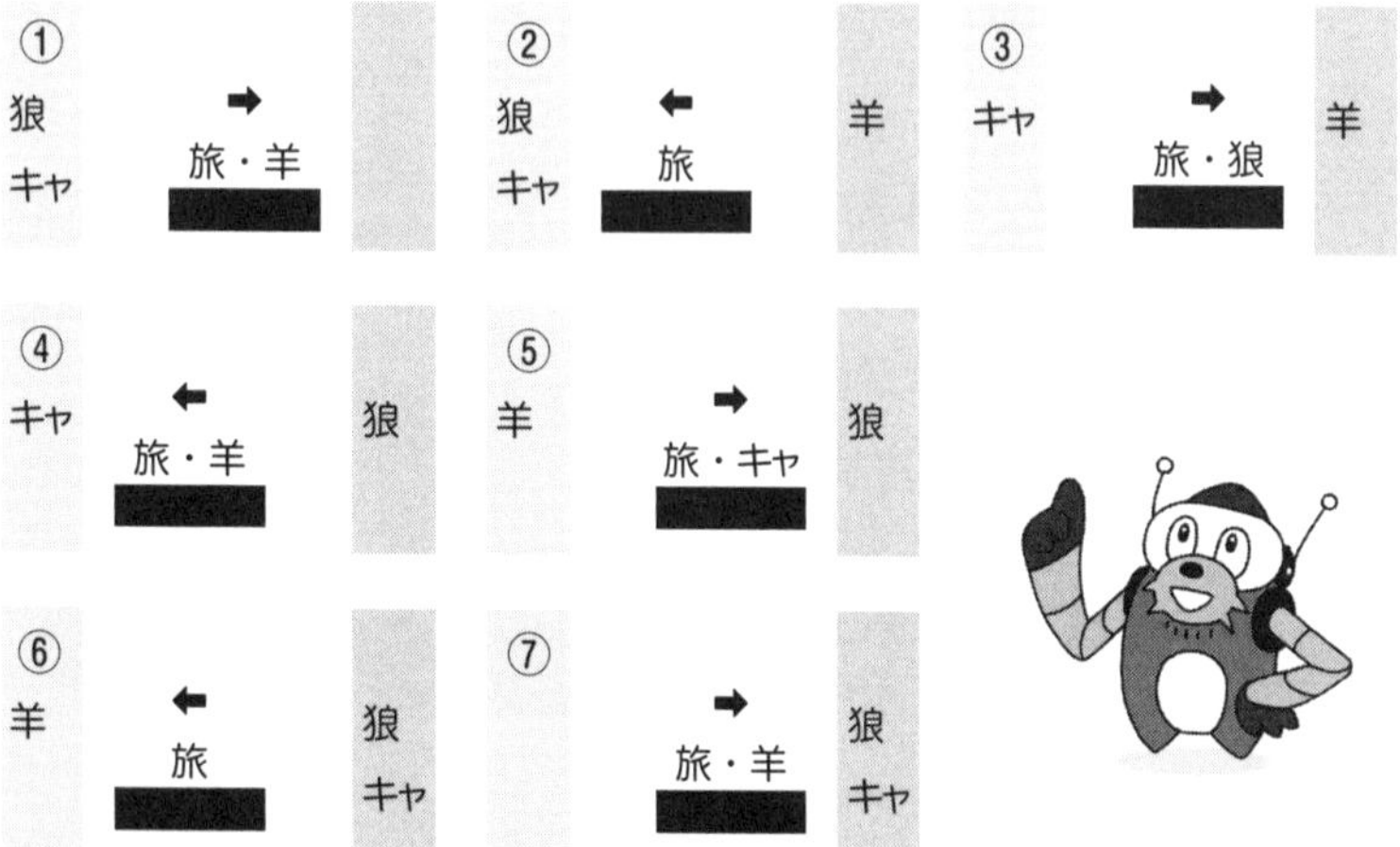

★★★★ クエスチョン 59 Question ★★★★

油《あぶら》分《わ》け算《ざん》

あなたがスラスラと答《こた》えてみせると、ボスは片《かた》ひざをつき、苦悶《くもん》の表情《ひょうじょう》をうかべました。すると、魔法使《まほうつか》いが言《い》いました。「次《つぎ》の問題《もんだい》を解《と》けば、ボスをたおせるわ！　がんばって！」

◆問題《もんだい》◆

水《みず》が10リットル入《はい》ったバケツがあります。この水《みず》を、7リットルが入《はい》るつぼと、3リットルが入《はい》るつぼを使《つか》って、5リットルずつに分《わ》けるには、どうしたらいいでしょう？

天《てん》の声《こえ》：まずは、3リットルのつぼを使《つか》って…

←答《こた》えは次《つぎ》のページ！

(下《した》の解説《かいせつ》を読《よ》むのじゃ)

まずは、3リットルのつぼを3回使《かいつか》って、7リットルのつぼに水《みず》を移《うつ》します…①。3回《かい》めは1リットルしか入《はい》らないので、3リットルのつぼに2リットルの水《みず》が残《のこ》ることになります…②。

次《つぎ》に、7リットルのつぼに入《はい》った水《みず》を、バケツにもどします。バケツには1リットルの水《みず》が残《のこ》っていたので、計《けい》8リットルがあることになります…③。

3リットルのつぼに残《のこ》っている水《みず》(2リットル)を、7リットルのつぼに移《うつ》します…④。空《から》になった3リットルのつぼで、バケツから水《みず》をくみます…⑤。これを7リットルのつぼに入《い》れると、バケツと7リットルのつぼの水《みず》は、それぞれ5リットルになります…⑥。

		①	①	②	③	④	⑤	⑥
バケツ(10リットル)	10	7	4	1	8	8	5	5
7リットルのつぼ	0	3	6	7	0	2	2	5
3リットルのつぼ	0	0	0	2	2	0	3	0

★★★★  ★★★★

水《みず》が飲《の》みたい

ボスをたおすと、世界《せかい》にふたたび平和《へいわ》がおとずれました。生《う》まれ育《そだ》った村《むら》にもどったあなたは、冒険《ぼうけん》で得《え》た力《ちから》をもとに、多《おお》くの人《ひと》に算数《さんすう》を教《おし》える存在《そんざい》となりました。

そんなある日《ひ》、ひとりの子供《こども》があなたに問題《もんだい》を出《だ》しました。

◆問題《もんだい》◆

村《むら》のはずれに泉《いずみ》があります。のどがかわいていたあなたは、この水《みず》が飲《の》めるかどうかを、通行人《つうこうにん》に聞《き》こうと考《かんが》えています。どんな質問《しつもん》をすればよいでしょう？

ただし質問《しつもん》は1つ、「はい」か「いいえ」で答《こた》えられるものとします。また通行人《つうこうにん》は、必《かなら》ず正直《しょうじき》に答《こた》える「正直者《しょうじきもの》」か、必《かなら》ずウソをつく「ウソつき」のどちらかです。

天《てん》の声《こえ》：最後《さいご》の問題《もんだい》、じっくり考《かんが》えるのじゃ…！

 ←答《こた》えは次《つぎ》のページ！

私《わたし》が「この泉《いずみ》の水《みず》は飲《の》めますか」と聞《き》いたら、あなたは「はい」と答《こた》えますか？

『私《わたし》が「この泉《いずみ》の水《みず》は飲《の》めますか」と聞《き》いたら、あなたは「はい」と答《こた》えますか？』と質問《しつもん》します。

泉《いずみ》の水《みず》が飲《の》める場合《ばあい》、あなたの質問《しつもん》に対《たい》して、正直者《しょうじきもの》は「はい」と答《こた》えます。ウソつきは、「いいえ」と答《こた》えてしまうと「はいと答《こた》えますか？」に対《たい》してウソをついていないことになるため、「はい」と答《こた》えます。

反対《はんたい》に、泉《いずみ》の水《みず》が飲《の》めない場合《ばあい》は、あなたの質問《しつもん》に対《たい》して、正直《しょうじき》者《もの》もウソつきも「いいえ」と答《こた》えます。

私《わたし》が「この泉《いずみ》の水《みず》は飲《の》めますか」と聞《き》いたら、あなたは「はい」と答《こた》えますか？

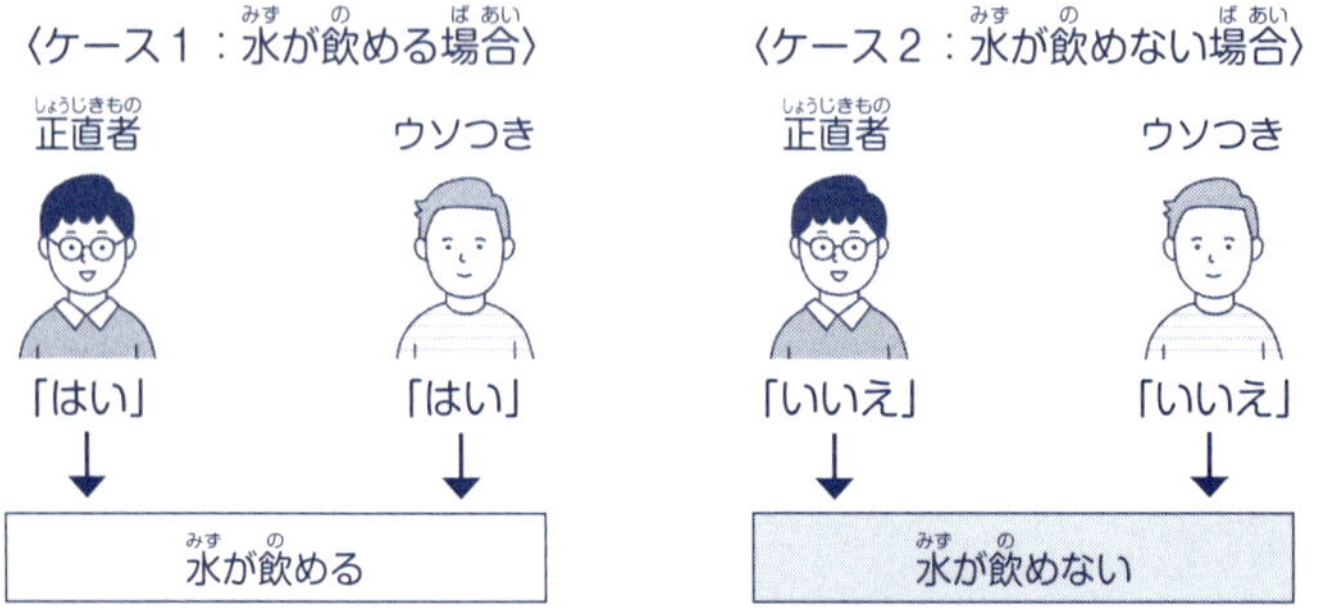

イラスト・マンガ

イケウチリリー	8, 34, 55, 59, 65, 89, 94, 132
加藤のりこ	12, 44, 54, 58, 63, 74, 88
さややん。	108
関上絵美・晴香	17, 18, 26, 77, 110, 126
堀江篤史	75, 76
まるみや	7, 41, 57, 61, 64, 70, 83, 84, 87, 92, 111, 115, 127, 128, 129, 139
水谷さるころ	19-20, 51-52, 81-82, 117-120
ヤマネアヤ	16, 21-24, 36, 53, 97, (江戸時代の人)100, 134

イラスト・写真

25	ssstocker/stock.adobe.com
33-34	(多角形)kovalto1/stock.adobe.com, (サッカーボール)Evolvect/stock.adobe.com, (サッカーボール展開図)summer orange/stock.adobe.com
37	natsumi/stock.adobe.com
71	夏妃 吉野/stock.adobe.com
73	羽田野乃花
80	(お札)ゆゆるり/stock.adobe.com, (ミジンコ)kiko/stock.adobe.com, (花粉)meg/stock.adobe.com
84	(テレビ)fad82/stock.adobe.com
85	(ステーキ)anemoyu/stock.adobe.com, (ボーリング)yukik/stock.adobe.com, (ボクシング選手)KR Studio/stock.adobe.com
90	(ブタ)muchmania/stock.adobe.com
100	(太陽と月)krissikunterbunt/stock.adobe.com
105	Tossan/stock.adobe.com
107	Propakages/stock.adobe.com
109	(多角形)Propakages/stock.adobe.com, (コウモリ)ori-artiste/stock.adobe.com
121	genioatrapado/stock.adobe.com
122	(古い紙)genioatrapado/stock.adobe.com, (ブタ)muchmania/stock.adobe.com
124	(子モグラ)Tossan/stock.adobe.com
125	クリエイティブ・コモンズ
133	FutureFFX/stock.adobe.com
136	(三つ子)Natalia/stock.adobe.com
137	(ヒツジ)Nezamur/stock.adobe.com, (オオカミ)KR Studio/stock.adobe.com, (キャベツ)Azuki Nonose/stock.adobe.com
142	Kumahara/stock.adobe.com
Newton Press	7, 9, 10-16, 27-32, (切頂二十面体)34, 35, 38, 39, 66-70, 98, 100, 112, 130, 137-138

［監修］

小山信也／こやま・しんや

東洋大学理工学部教授。博士（理学）。東京大学理学部数学科卒業。専門分野は整数論、ゼータ関数論。主な著書に『数学をするってどういうこと？』『日本一わかりやすいABC予想』『誰も知らない素数のふしぎ』などがある。

［スタッフ］

編集マネジメント	中村真哉
編集	上島俊秀
組版	髙橋智恵子
誌面デザイン	岩本陽一
カバーデザイン	宇都木スズムシ＋長谷川有香（ムシカゴグラフィクス）
キャラクターイラスト	まるみや
マンガ	水谷さるころ
イラスト	イケウチリリー　加藤のりこ　さややん。 関上絵美・晴香　堀江篤史　ヤマネアヤ

理系脳を育てる
科学クイズドリル

天才！算数クエスト

2025年5月10日　発行
発行人　松田洋太郎
編集人　中村真哉
発行所　株式会社ニュートンプレス
〒112-0012　東京都文京区大塚3-11-6
https://www.newtonpress.co.jp
電話　03-5940-2451

ISBN 978-4-315-52920-3